乡村振兴人才培育系列教材

耕地土壤酸化治理实用技术

王彦芳　陈典典　何　斌　主编

中国农业科学技术出版社

图书在版编目(CIP)数据

耕地土壤酸化治理实用技术 / 王彦芳，陈典典，何斌主编. --北京：中国农业科学技术出版社，2024. 5

ISBN 978-7-5116-6814-1

Ⅰ. ①耕…　Ⅱ. ①王…②陈…③何…　Ⅲ. ①耕作土壤-酸化-土壤污染控制　Ⅳ. ①X530. 5

中国国家版本馆 CIP 数据核字(2024)第 095882 号

责任编辑　申　艳
责任校对　马广洋
责任印制　姜义伟　王思文

出 版 者　中国农业科学技术出版社
北京市中关村南大街 12 号　　邮编：100081
电　　话　(010) 82103898 (编辑室)　　(010) 82106624 (发行部)
(010) 82109709 (读者服务部)
网　　址　https://castp.caas.cn
经 销 者　各地新华书店
印 刷 者　北京地大彩印有限公司
开　　本　140 mm×203 mm　1/32
印　　张　5. 75
字　　数　150 千字
版　　次　2024 年 5 月第 1 版　2024 年 5 月第 1 次印刷
定　　价　26. 00 元

编委会

《耕地土壤酸化治理实用技术》

主　编　王彦芳　陈典典　何　斌

副主编　陈　丽　蔡雪魁　刘小磊　禹　果

孔亚丽　杨　鹏　魏凤美　王　宁

朱景梅　杨寅寅　张红征　李　欣

蒋　建　王志胜　张利真　郭承杰

李卫全　姚　玉　谢富强　高小良

前言

土壤是农业生产的基础，其健康状况直接关系农作物的产量和质量，进而影响着粮食安全和农业可持续发展。然而，随着现代农业生产的集约化和化学肥料的大量使用，土壤酸化问题日益凸显，成为制约农业生产和生态环境保护的重要因素。土壤酸化不仅影响土壤肥力，还可能导致有毒金属元素的活化，进而污染农产品和水体，对人类健康构成威胁。因此，开展耕地土壤酸化治理，掌握实用有效的治理技术，对于农民而言至关重要。

本书共 12 章，分别为土壤的基础知识、土壤酸化的基础知识、使用土壤改良剂防治土壤酸化、测土配方施肥防治土壤酸化、有机肥防治土壤酸化、秸秆还田防治土壤酸化、生物菌肥防治土壤酸化、绿肥防治土壤酸化、深翻深松法防治土壤酸化、轮作休耕防治土壤酸化、农药减量防治土壤酸化、耕地土壤酸化治理案例。

本书在编写过程中，力求做到内容丰富、语言通俗，既适合广大农民朋友和农业技术推广人员阅读，也适合供农业科技工作者和农业院校师生参考。

由于编者水平有限，书中难免存在不足之处，敬请广大读者和专家学者批评指正。

编　者

2024 年 4 月

目录

第一章 土壤的基础知识

第一节 土壤的形成

土壤是指覆盖在地球陆地表面的能够生长绿色植物的疏松表层。土壤是成土母质在一定水热条件和生物的作用下，经过一系列物理、化学和生物化学作用形成的。

一、土壤的形成因素

土壤形成因素包括自然因素和人类活动因素。其中，自然因素包括母质、生物、气候、地形和时间，这些因素是土壤形成的基础和内在因素。人类活动也是土壤形成的重要因素，可对土壤性质和发展方向产生深刻影响，有时甚至起主导作用。

（一）母质

通常把与土壤形成有关的块状固结的岩体称为母岩，而把与土壤发生直接联系的母岩风化物及其再积物称为母质。母质代表土壤的初始状态，它在气候与生物的作用下，经过上千年的时间，逐渐转变成可生长植物的土壤。

（二）生物

生物是土壤有机物质的来源和土壤形成过程中最活跃的因素；土壤肥力的产生与生物的作用是密切相关的。岩石表面在适宜的日照和湿度条件下滋生出苔藓类生物，随着苔藓类生物的大量繁殖，生物与岩石之间的相互作用日益加强，在岩石表面慢慢地形成了土壤。

（三）气候

气候不仅直接影响土壤的水热状况和物质的转化和迁移，而且可通过改变生物群落（包括植被类型、动植物生态等）影响土壤的形成。地球上不同地带由于热量、降水量等的差异，其天然植被各不相同，土壤类型也不相同。此外，气候条件还可影响土壤形成速率。

（四）地形

在成土过程中，地形是影响土壤和环境之间物质、能量交换的一个重要条件，它与母质、生物、气候等因素的作用不同。地形主要通过影响其他成土因素对土壤形成起作用。地形影响水、热条件的再分配，从而影响母质和植被的类型，因此不同地形条件下形成的土壤类型均表现出明显的垂直变化特点。地形还可影响地表物质的再分配进而影响土壤形成。

（五）时间

正像一切历史自然体一样，土壤也有一定的年龄。土壤年龄是指土壤发生发育的时间。通常把土壤年龄分为绝对年龄和相对年龄。绝对年龄是指该土壤在当地新鲜风化层或新母质上开始发育时算起迄今所经历的时间，通常用年表示；相对年龄则是指土壤发育阶段或土壤的发育程度。土壤剖面发育明显、土壤厚度大、发育度高，相对年龄大；反之相对年龄小。通常说的土壤年龄是指土壤的发育程度，即相对年龄。

（六）人类活动

人类活动在土壤形成过程中具有独特的作用，有人将其作为第六个因素，但它与其他 5 个自然因素有本质区别。因为人类活动对土壤的影响是有意识、有目的、定向的，具有社会性，它受社会制度和社会生产力的影响。同时，人类活动对土壤的影响具有双重性，利用合理则有助于土壤质量的提高；但利用不当就会破坏土壤。

上述各种成土因素可概括分为自然因素（母质、生物、气候、地形、时间）和人类活动因素，前者存在于一切土壤形成过程中，产生自然土壤；后者在人类社会活动的范围内起作用，对自然土壤施加影响，可改变土壤的发育程度和发育方向。某一成土因素的改变，会引发其他成土因素的改变。土壤形成的物质基础是母质，能量的基本来源是气候，生物则把物质循环和能量交换向土壤形成的方向发展，使无机能转变为有机能、太阳能转变为生物化学能，促进有机质的积累和土壤肥力的产生，地形、时间以及人类活动则影响土壤的形成速度、发育程度及方向。

二、土壤的形成过程

根据成土过程中物质交换和能量转化的特点和差异，土壤基本表现出原始成土、有机质积聚、富铝化、钙化、盐化、碱化、灰化、潜育化等成土过程。

（一）原始成土过程

从岩石露出地表着生微生物和低等植物开始到高等植物定居的土壤形成过程，称为原始成土过程。包括3个阶段，即岩石表面着生蓝藻、绿藻和硅藻等岩生微生物的“岩漆”阶段；地衣对原生矿物产生强烈破坏性影响的“地衣”阶段；生物风化与成土过程速度大大增加，为高等绿色植物生长准备了肥沃基质的苔藓阶段。原始成土过程多发生在高山区，也可以与岩石风化同时、同步进行。

（二）有机质积聚过程

有机质积聚过程是在木本或草本植被下，土体上部有机质增加的过程，它是生物因素在土壤形成过程中产生作用的具体体现，普遍存在于各种土壤中。由于成土条件的差异，有机质及其分解与积累也有较大的差异，据此可将有机质积聚过程进一步划分为腐殖化、粗腐殖化及泥炭化 3 种。具体体现为 6 种类型：①漠土有机质积聚过程；②草原土有机质积聚过程；③草甸土有机质积聚过程；④林下有机质积聚过程；⑤高寒草甸土有机质积聚过程；⑥泥炭积聚过程。

（三）富铝化过程

富铝化过程又称为脱硅过程或脱硅富铝化过程，是热带、亚热带地区土壤物质由于矿物的分化形成弱碱性条件，促进可溶性盐基及硅酸的大量流失，而造成铁、铝在土体内相对富集的过程。因此，它包括两方面的作用，即脱硅作用和铁、铝相对富集作用。

（四）钙化过程

主要出现在干旱及半干旱地区。成土母质富含碳酸盐，在季节性淋溶作用下，土体中碳酸钙向下迁移至一定深度，以不同形态（假菌丝、结核、层状等）累积为钙积层，其碳酸钙含量一般为 10%~20%，因土类和地区不同而异。

（五）盐化过程

地表水、地下水以及母质中含有的盐分，在强烈的蒸发作用下，通过土壤水的垂直和水平移动，逐渐向地表积聚（现代积盐作用），或是已脱离地下水或地表水的影响而表现为残余积盐特点（残余积盐作用）的过程，多发生于干旱气候条件下。参与作用的盐分主要是一些中性盐，如氯化钠（NaCl）、硫酸钠（Na_2SO_4）、硫酸镁（$MgSO_4$）等。在受海水影响的滨海地区，土壤也可发生盐化过程，盐分一般以 NaCl 占绝对优势。

（六）碱化过程

碱化过程是土壤中交换性钠或交换性镁增加的过程，该过程又称为钠质化过程。碱化过程的结果是土壤呈强碱性反应、土壤黏粒被高度分散、物理性质极差。

（七）灰化过程

灰化过程是指在冷湿的针叶林生物气候条件下土壤中发生的铁、铝通过配位反应而迁移的过程。

在寒带和寒温带湿润气候条件下，针叶林的残落物被真菌分解，产生强酸性的富里酸，对土壤矿物起很强的分解作用。在酸性介质中，矿物分解使硅、铝、铁分离，铁、铝与有机配位体作用而向下迁移，在一定的深度形成灰化淀积层，而二氧化硅则残留在土层上部，形成灰白色的土层。

（八）潜育化过程

潜育化过程的发生要求具备土壤长期渍水、有机质处于厌氧分解状态这两种条件。该过程中铁、锰被强烈还原，形成灰色-灰绿色的土体。有时，由于“铁解”作用，土壤胶体被破坏，土壤变酸。该过程主要出现在排水不良的水稻土和沼泽土中，往往发生在剖面下部的永久地下水位以下。

第二节　土壤的性质

一、土壤的剖面分层

土壤最明显的特征是沿垂直方向的分层性，不同的层次具有独特的物理性质、颜色和外形等，构成土壤的形态。为了认识土壤的这一特征，通常需要一个较小的土壤单元，即土壤单体，土壤单体的垂直切面称为土壤剖面。耕地土壤的剖面分层主要有耕作层、犁底层、心土层和底土层 4 个层次（图 1-1），每个层次都有其独特的特点和功能。

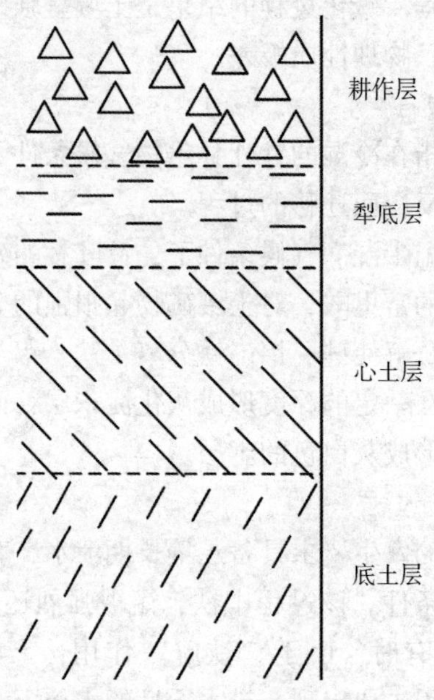

图 1-1　耕地土壤的剖面分层

（一）耕作层

耕作层位于土壤剖面的最上层，是指经常被耕翻的土壤表层，厚度一般为 15~20 厘米。

耕作层是土壤剖面中最活跃的部分，经常受到耕作、施肥、灌溉的影响。土壤结构较为疏松，富含有机质和微生物，有利于植物根系的生长和养分吸收。良好的耕作层可以提高土壤的保水保肥能力，增强土壤的通气性和渗透性。

（二）犁底层

犁底层又称“亚表土层”，是位于耕作层以下较为紧实的土层，厚度约为 10 厘米。

犁底层的土壤结构较为紧实，是长期耕作经常受到犁的挤压和降水时黏粒随水沉积所致。这一层的有机质含量较低，微生物活动也相对较少。犁底层起到一定的支撑作用，有助于保持土壤剖面的结构稳定。同时，它也是水分和养分向下渗透的过渡区域。

（三）心土层

心土层位于犁底层之下，厚度一般为 20~30 厘米。

心土层的形成主要是由于表土层的侵蚀和淀积作用，以及植物根系和微生物的活动。这一层的土壤较为紧实，质地较为细密，含有较少的有机质和养分。心土层对于土壤的稳定性和保水能力具有重要作用。心土层具有紧实特性，可以有效地防止水分流失和土壤侵蚀。同时，心土层还具有良好的保水能力，可以在干旱时期为植物提供必要的水分。

为了改善心土层的养分状况，可以采取适当的施肥措施。心土层的养分含量较低，因此需要施用适量的肥料以补充养分。此外，深耕和松土也是改善心土层结构、提高土壤通透性的有效措施。

（四）底土层

底土层位于心土层之下，厚度因地而异，从几十厘米到数米不等。

底土层的形成主要是由于成土作用和母质的淀积作用。这一层的土壤较为坚硬，结构较为紧密，含有较多的矿物质和少量的有机质。底土层对于土壤定性和保水能力具有重要作用。底土层的坚硬特性使其可以有效地防止水分流失和土壤侵蚀。同时，底土层还具有良好的保水能力，可以在干旱时期为植物提供必要的水分。

尽管底土层的养分含量较低，但这一层对于土壤的整体质量和健康状况具有重要影响。为了改善底土层的状况，可以采取适当的农业措施，如深耕、松土和施用有机肥料。这些措施可以改善底土层的结构和养分状况，提高整个土壤的质量。

二、土壤的物理性质

物理性质是土壤最基本的性质，土壤的物理性质在很大程度上决定着土壤的其他性质，包括土壤的质地、结构、通气性等。

（一）土壤质地

土壤由大小不同的土粒按不同的比例组合而成。土壤中各粒级土粒含量的相对比例或质量比称为土壤质地。依据土粒的粒径土粒可以分为4个级别：石砾（粒径大于2毫米）、砂粒（粒径为0.05~2毫米）、粉砂（粒径为0.002~0.05毫米）和黏粒（粒径小于0.002毫米）。一般来说，土壤的质地可以归纳为砂质、黏质和壤质3类。砂土是以砂粒为主的土壤，砂粒含量通常在70%以上；黏土中黏粒的含量一般不低于40%；壤土可以看作砂粒、粉砂粒和黏粒三者在比例上均不占绝对优势的一类中间型土壤。

（二）土壤结构

土壤结构是土壤中固体颗粒的空间排列方式。土壤结构可分为块状结构、核状结构、棱柱状结构、柱状结构、片状结构、团粒结构等。其中，团粒结构多在土壤表土中出现，特点包括土壤泡水后结构不易分散、不易被机械力破坏、具有多孔性等。团粒结构是农业土壤的最佳结构形态，有利于农作物根系生长发育，有利于空气的流动和对流，有利于水分的输送和吸收。

（三）土壤通气性

土壤通气性对于保证土壤空气更新有重大意义。如果土壤没有通气性，土壤空气中的氧在很短时间内就会被全部消耗，而二氧化碳（CO_2）则会增加，危害农作物生长。因此，土壤的通气性可以保障土壤中空气与大气互通，不断更新土壤空气组成，保持土体各部分气体组成趋向均一。总之，土壤的通气性能良好，就有充足的氧气（O_2）供给农作物根系、土壤动物、土壤微生物，保障农作物的生长发育。

三、土壤的化学性质

土壤的化学性质表现在土壤胶体性质、土壤酸碱度、土壤氧化还原性等方面。

（一）土壤胶体性质

土壤胶体是土壤中高度分散的部分，是土壤中最活跃的物质之一。在土壤科学中，一般认为土粒粒径小于 2 微米的颗粒是土壤胶体。土壤胶体按其成分和特性，主要可分为土壤矿质胶体（以次生黏土矿物为主）、有机胶体（腐殖质、有机酸等）和无机复合胶体 3 种。土壤胶体颗粒体积小，所以土壤胶体拥有巨大的比表面和表面能。土壤中胶体含量越高，土壤比表面越大，表面能也越大，吸附性能也越强。

土壤胶体有集中和保持养分的作用，不仅能为植物吸收养分提供有利条件，而且能直接为土壤生物提供有效的有机物。土壤各类胶体具有调节和控制土体内热、水、气、肥动态平衡的能力，为植物的生理协调提供物质基础。

进入土壤的农药可被黏土矿物吸附而失去其药性，条件改变时又可被释放出来。有些农药可在胶体表面发生催化降解而失去毒性。土壤黏土矿物表面可通过配位作用与农药结合，农药与黏粒的复合必然影响其生物毒性，这种影响程度取决于黏粒的吸附力和解吸力。

（二）土壤酸碱度

土壤是有酸碱性的，而土壤的酸碱程度一般使用 pH 值来表示。pH 值越大说明土壤碱性越强，pH 值越小则说明土壤酸性越高。一般情况下，土壤 pH 值在 6.5 以下的，称为酸性土壤，其中，pH 值<4.5 的属于极强酸性土壤，pH 值为 4.5~5.5 的属于强酸性土壤，pH 值为 5.5~6.5 的属于酸性土壤。pH 值在 7.5 以上的，称为碱性土壤，其中 pH 值>9.5 的属于极强碱性土壤，pH 值为 8.5~9.5 的属于强碱性土壤，pH 值为 7.5~8.5 的属于碱性土壤。土壤 pH 值为 6.5~7.5 的为中性土壤。

（三）土壤氧化还原性

在土壤溶液中经常进行着氧化还原反应，它主要是指土壤中某些无机物质的电子得失过程。土壤中的氧化作用主要由游离氧、少量的硝酸根（NO_3^-）和高价金属离子如锰离子（Mn^{4+}）、铁离子（Fe^{3+}）等引起，它们是土壤溶液中的氧化剂，其中最重要的氧化剂是氧气。土壤中的还原作用由有机质的分解、厌氧微生物的活动，以及低价铁和其他低价化合物所引起，其中最重要的还原剂是有机质。

土壤中的氧化还原反应在干湿交替下进行得最为频繁，其次是有机物质的氧化和生物机体的活动。土壤氧化还原反应影响土壤形成过程中物质的转化、迁移和土壤剖面的发育，控制土壤元素的形态和有效性，制约土壤环境中某些污染物的形态、转化和去向。

第三节　土壤的类型

土壤形态多样，成分差别很大，要对土壤做出精准的分类并非易事。但从农耕角度来看，只需对土壤进行简化归类即可。

一、按物理性质来分

按物理性质来分，土壤可分为砂土、黏土和壤土。砂土透气性好，但保水保肥能力差，比较适合种植块根类作物，如萝卜、胡萝卜、马铃薯、甘薯、花生、葛根等。砂土最需要补充有机质。黏土透气性差、保水能力强，适合种植水生作物，如水稻、莲藕、荸荠等。如要在黏土中种植非水生作物，必须认真做好排水沟渠。壤土透气性较好、保水保肥能力较强，适合种植除水生作物外的大部分农作物。

二、按酸碱度来分

按酸碱度来分，土壤可分为酸性土壤、碱性土壤和中性土壤。影响土壤酸碱度的因素首先是地域。我国南方的红壤土地带，土壤基本上呈酸性；华北和东北的农田，土壤基本上呈碱性。不当农作也会加剧土壤的酸化或碱化，使得酸性土 pH 值下降，碱性土壤 pH 值上升。例如，近年来发现南方香蕉田土壤 pH 值普遍低于 5，这是长期偏施化肥，或是埋施未经充分腐熟的畜禽粪便造成的。在华北和东北一些地区，长期不进行作物秸秆还田，也很少补充有机肥，土壤有机酸类物质浓度极低，盐分积累逐年增加，加上原来石灰岩母质的特性，土壤盐碱度呈上升趋势。

三、按土壤肥沃程度来分

按土壤肥沃程度来分，土壤可分为一级土壤、二级土壤、三级土壤和四级土壤。

（一）一级土壤

这类被誉为最肥沃的土壤，富含养分，适宜各种农作物的生长。它具有优越的透水性，能有效防止水涝，并且排水性良好，不会使土壤过于潮湿。此外，一级土壤的 pH 值适中，富含有机质，可以维持土壤的肥沃。

（二）二级土壤

这类土壤肥力适中，适合多数农作物的种植。与一级土壤相比，其透水性稍逊一筹，排水能力一般，在雨水较多时可能有轻微潮湿的情况发生。pH 值适中，有机质含量适中，可提供适量养分。

（三）三级土壤

这类土壤肥力较低，可能需要施用有机或无机肥料。透水性较差，存在积水问题，排水性一般，需加强排水措施。pH 值适中，但有机质含量较低，影响对植物的养分供给。

（四）四级土壤

这类土壤肥力最低，通常需大量施用肥料以满足农作物需求。透水性差，易发生积水，排水性也不佳，需改善排水情况。虽然 pH 值适中，但有机质含量欠佳，对植物生长有较大影响。

这些土壤分类为科学施肥、作物选择和土地管理提供了指导，有助于推动农业生产的合理发展。

第二章 土壤酸化的基础知识

第一节 土壤酸化的成因

土壤酸化是指土壤 pH 值越来越低、土壤酸性由低到高不断增大且最终形成酸性或强酸性土壤的整个过程。造成土壤酸化的原因主要包括以下 4 个方面。

一、大量使用酸性和生理酸性肥料

在农业生产中，为了提高作物产量，人们往往会大量施用各种化肥。然而，许多化肥如过磷酸钙、氯化铵、氯化钾、硫酸钾和硫酸铵等，都属于酸性或生理酸性肥料。这些肥料在土壤中会释放出酸性物质，如硫酸根和氯化物等，导致土壤 pH 值下降，即土壤酸化。此外，这些肥料中的阳离子（如铵根离子）在土壤中会被微生物分解，进而释放出氢离子，增加了土壤的酸度。长期大量施用这些化肥，不仅会破坏土壤结构，还会影响土壤中微生物的平衡，进而降低土壤的自然肥力和生产力。

二、有机肥用量低，土壤缓冲能力弱

有机肥是提高土壤质量和增强土壤缓冲能力的重要因素。有机肥中的有机质可以提供土壤微生物所需的营养，促进微生物的

生长和活动，从而帮助土壤保持其自然肥力和结构。然而，化肥的大量施用和农家肥的缺乏，特别是对于大田作物，有机肥的使用量往往非常有限，导致土壤中的有机质含量低，土壤的缓冲能力减弱，无法有效中和土壤中的酸性物质，从而加剧了土壤酸化。此外，秸秆还田方式也存在问题，直接粉碎还田虽然简便，但效果不如堆沤腐熟后还田好，后者能够更好地增加土壤有机质，提高土壤的缓冲能力。

三、农田水分排灌不合理

经常进行集中大水漫灌的农田土壤，以及频繁下雨（尤其是经常下大雨）地区淋溶透水性强的农田土壤，非常容易发生酸化。因为经常浇灌大水的农田或者经常下大雨的地区，土壤中的钙、镁、钾等碱性离子会大量地被流水冲刷流失（如耕作层中的钙、镁、钾等碱性离子被水分带到更深层土壤中去），从而造成土壤碱性越来越弱、酸性越来越强而形成酸化土壤。在雨水多、湿度大的南方地区，以及需要经常浇灌大水的瓜果、蔬菜温室大棚内，土壤酸化也较为常见。

四、耕种方式发生变化，耕层变浅

耕作方式对土壤结构和深度有着直接的影响。传统的耕作方式往往能够保持土壤的深层结构，有利于土壤中酸性物质的下渗和水分的保持。然而，随着现代农业技术的发展，大面积的耕地采用了铁茬和旋耕交替种植的方式，导致耕作层逐渐变浅，犁底层逐年加厚变硬，通透性变差。这种耕作方式限制了深层土壤的通气和水分渗透，使酸性物质难以下渗，导致酸性物质在耕作层土壤中积聚，加剧了土壤酸化的问题。

第二节　土壤酸化的诊断

一、利用辅助设备检测

（一）pH 试纸检测

pH 试纸（图 2-1）是一种快速且经济的土壤酸碱度检测工具。试纸上的颜色变化对应于不同的 pH 值，通过与颜色对照卡比对，可以大致了解土壤的酸碱性，比较适合家庭菜园或小规模农场进行初步的土壤检测。该方法具有操作简单、成本低廉、易于获取和使用等优点；同时也存在一些局限性，如准确性不如专业设备，只能提供大致的 pH 值范围。

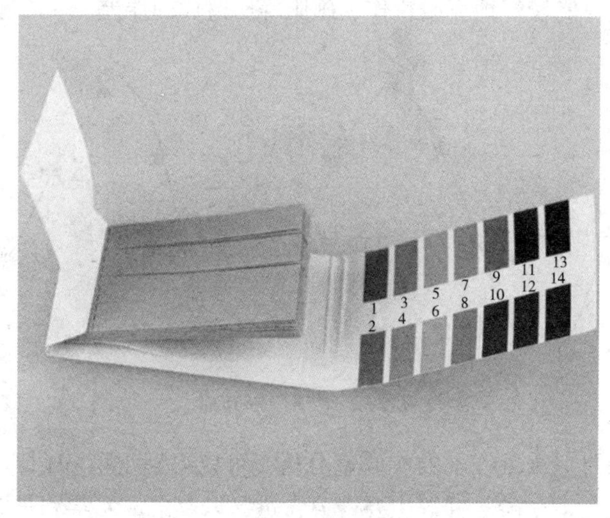

图 2-1　pH 试纸

（二）pH 检测仪检测

pH 检测仪，特别是 pH 检测笔，提供了更为精确的土壤 pH 值测量。这种设备通常具有数字显示屏，可以直接读取土壤 pH 值，使用时只需将检测仪的探头插入湿润的土壤中即可。该方法相较于 pH 试纸，检测结果更为精确，可以提供具体的 pH 数值，但价格相对较高，还需要定期校准以保持准确性。

（三）专业土壤检测

专业的土壤检测中心可以提供全面的土壤分析服务，如测土配肥中心、土壤检测化验中心。在田地里沿着一定的线路，按照“随机”“等量”“多点混合”的原则，取 5~15 份混合样，留取 1 千克，送到相关土壤检测化验室检测。采样时，一般采用“S”形布点采样（图 2-2），注意避开路边、田埂、沟边、肥堆等特殊部位，能较好地克服耕作、施肥等所造成的误差。

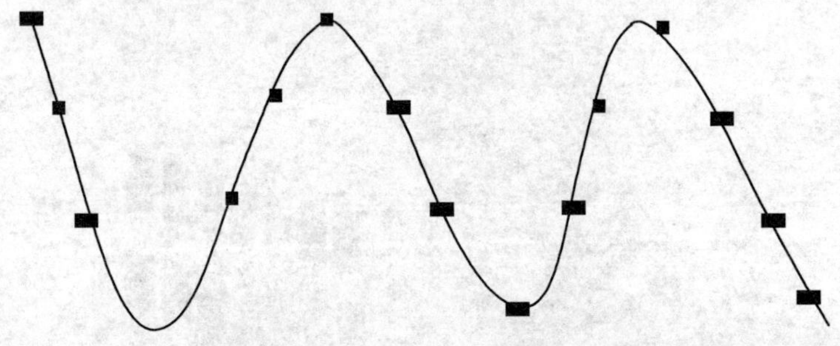

图 2-2　“S”形布点

通过对土壤样本的实验室分析，可以得到土壤 pH 值、有机质含量、氮、磷、钾等主要养分含量，以及微量元素和重金属含量等详细信息。该方法检测结果最为准确和全面，可以为土壤管理和改良提供科学依据，但成本较高，需要将土壤样本送至实验室，等待时间较长。

二、通过观察土壤状态和作物生长情况

（一）观察土壤

土壤的外观和质地是判断土壤酸化的重要线索。土壤板结和开裂可能是由于土壤结构受损，这可能与土壤酸化有关。青苔的生长通常表明土壤湿度过高和透气性差，这些条件可能促进土壤酸化。土壤变红或出现红斑可能是铁、锌等金属离子在酸性条件下氧化的结果，这是土壤酸化的一个明显迹象。观察土壤时，要注意土壤的颜色变化，特别是在湿润条件下，以及土壤的湿度和透气性。

（二）观察作物

作物的生长状况可以直接反映土壤的健康状况。生长不良、长势迟缓可能是土壤酸化影响作物吸收养分的结果。作物出现僵化苗、小老苗、根系问题等，可能是土壤酸化导致的养分不平衡或毒性元素积累的表现。缺素症状如叶片黄化、果实异常等，也可能与土壤酸化有关。此外，土传病害和虫害的增加可能与土壤微生物群落结构的改变有关，这也是土壤酸化的一个潜在迹象。

用这种方法观察时，要注意定期检查作物的生长状况，注意是否有异常症状出现，并与正常的生长模式进行对比。

第三节　土壤酸化的危害

一、土壤结构破坏与肥力下降

土壤酸化会造成土壤结构破坏、土壤物理性状恶化、土壤肥

力下降、土壤抗逆缓冲性下降。例如，土壤硬化、板结、易开裂，土壤透气、透水性变差，土壤抗寒、抗旱、抗逆能力变差，这些都非常不利于各类农作物的生长发育，而且酸化严重的土壤出现农作物生长差的情况时，越是大量地施用化肥，农作物的长势情况越差。

二、农作物生长受阻和病虫害增加

土壤酸化对农作物生长有多方面的负面影响。首先，土壤酸化会导致农作物生长营养不良，根系难以正常发展，吸收能力变差，从而使得农作物长势明显偏弱。具体来说，农作物可能会出现幼苗生长迟缓、新根无法顺利展开等问题。其次，土壤酸化还会降低农作物的抗逆性，使得农作物在应对不良环境时变得更加脆弱。例如，在干旱、寒冷、高温或冷冻等极端天气条件下，酸化土壤中的农作物往往难以抵御，导致生长受阻甚至死亡。同时，这些农作物的抗旱、抗寒、耐热、耐冻以及抗病虫害等能力也会大幅下降。此外，土壤酸化还会引发一系列农作物生长异常现象。比如，播种后的种子发芽出苗不整齐、幼苗移栽后缓苗成活率低、死棵烂根问题频发、开花结果异常等。这些都会导致农作物的产量和品质大幅下降。更为严重的是，土壤酸化还会加剧农作物病虫害的发生。在酸化土壤中，农作物更容易出现各种缺素症状，如小叶病、苦痘病等，同时土传病虫害也会明显增多，如根结线虫、花叶病、黄叶病、枯萎病、青枯病、根肿病、病毒病等。这些病虫害的频繁发生，无疑会给农业生产带来巨大的损失。

三、土壤微生物平衡失调

土壤酸化对土壤微生物生态有深远的影响。随着土壤 pH 值的下降，有益微生物的数量会不断减少，而有害病菌和微生物的数量则会大幅增加。这是因为大多数有益微生物更适应在中性至微酸或微碱性的土壤中生存和繁殖。较酸性的土壤环境对这些有益菌来说是不利的，会导致它们大量死亡。

与此同时，各类有害病菌则会抓住这个机会，侵入并占领土壤空间，大肆滋生繁殖。这直接导致农作物根部病虫害和土传病虫害问题的日益严重。特别是酸性土壤，非常容易成为根结线虫等有害生物的温床，进一步加剧农作物的病害问题。

四、金属离子毒害

土壤酸化会造成农作物根系金属离子中毒而发生根系变差、烂根、死根、死苗的问题。因为在酸性土壤环境下，铝、锰、铬、镉等金属离子溶解度变大且在土壤中被大量置换出来呈游离状态，这样就很容易对农作物根系造成毒害作用，更严重时会使有毒重金属离子污染水源、污染土壤甚至影响食品安全，如稻米镉等重金属超标等食品安全问题。

五、养分元素有效性降低

土壤酸化会抑制土壤中多种营养元素的活性，影响农作物对这些营养元素的有效吸收。例如，在酸性土壤中磷、钾、钙、镁、硼等元素的有效性会降低，导致农作物出现缺素症状，如叶片黄化、果实异常等。这种养分吸收受阻不仅影响农作物的正常生长，还可能导致农作物产量和品质的大幅下降。

综上所述，土壤酸化对土壤和农作物的危害是多方面的，从土壤物理性质恶化到农作物生长受阻，再到病虫害增加和养分元素有效性降低，都需要采取有效的土壤管理和改良措施，以维持土壤的健康和农作物的良好生长。

第四节　土壤酸化治理的基本原则

一、科学诊断与合理规划

在进行土壤酸化治理之前，必须首先对土壤进行详细的科学诊断，这包括测定土壤 pH 值、有机质含量、养分状况（如氮、磷、钾含量等）、重金属含量等。这些信息有助于了解土壤酸化的程度和原因，为制订治理方案提供科学依据。规划应包括确定治理目标、选择合适的治理措施、制订实施时间表和预算等。此外，规划还应考虑当地的气候条件、作物种类、耕作方式等因素，以确保治理措施的适宜性和有效性。

二、综合治理与多措并举

土壤酸化治理应综合考虑化学改良、农业管理、生物措施等多种方法，以实现最佳效果。化学改良通常涉及施用石灰或石膏等碱性物质来提高土壤 pH 值，减少土壤中的酸性物质。农业管理措施包括合理施肥、改进耕作方式、秸秆还田等，旨在减少外部酸性物质的输入并提高土壤的自然缓冲能力。生物措施则包括种植绿肥和施用有机肥，这些方法可以增加土壤有机质、提高土壤的生物活性和抗逆性。通过多措并举，可以更全面地解决土壤酸化问题。

三、持续性与动态管理

土壤酸化治理是一个长期的、动态的过程，需要持续的监测和管理。这意味着应定期检测土壤 pH 值和其他相关指标，以评估治理措施的效果，并根据土壤状况的变化及时调整治理策略。

例如，如果监测结果显示土壤 pH 值有所回升，可以适当调整石灰的施用量；如果发现某些区域的土壤酸化问题仍然严重，可能需要采取更为集中的治理措施。此外，还应建立一个动态管理系统，确保治理措施得到有效执行，并能够根据实际情况进行灵活调整。

四、预防为主与早期干预

预防是治理土壤酸化的重要原则之一。可以在土壤酸化初期就采取预防措施，避免问题进一步恶化。预防措施包括减少酸性物质的输入（如过量施用化肥）、增加土壤有机质、改善排水系统等。早期干预意味着在土壤酸化迹象初现时就采取措施，如施用石灰或改变耕作方式，以减缓酸化进程。这种方法比等到土壤严重酸化后再进行治理更为经济和有效。

五、区域性与因地制宜

不同地区的土壤类型、气候条件、农业生产方式和经济发展水平存在差异，土壤酸化的特点和治理需求也会有所不同。因此，治理措施应根据当地的具体情况进行调整，实施区域性治理策略。例如，在南方水稻种植区，可能需要重点关注如何减少由于水稻种植带来的酸性物质积累；而在北方干旱地区，则可能需要更多地关注如何提高土壤的保水能力和减少水分蒸发。

第三章 使用土壤改良剂防治土壤酸化

第一节 生石灰

一、什么是生石灰

生石灰，又称“烧石灰”，是一种以氧化钙为主要成分的无机化合物。生石灰是通过石灰石（主要成分为碳酸钙）在高温下进行煅烧脱碳的过程制得的。在这一过程中，石灰石被加热至900~1 100 ℃，碳酸根分解释放出二氧化碳气体，留下的就是氧化钙，即生石灰。生石灰具有很强的碱性，因此在农业上有着广泛的应用。

在农业生产中，生石灰主要用作酸化土壤的改良剂。由于其强碱性，生石灰能够与土壤中的酸性物质发生化学反应，生成水和相应的钙盐，从而中和土壤酸度，提高土壤 pH 值。这一过程不仅有助于改善土壤的物理和化学性质，还能促进土壤中养分的有效性和作物根系的健康发展。例如，它可以增加土壤的透气性和保水性，为作物提供更好的生长环境。

除了作为土壤改良剂，生石灰还具有消毒作用。强碱性的它能够有效杀灭土壤中的细菌、真菌和其他有害微生物，因此在农田消毒、防治土传病害方面发挥着重要作用。此外，生石灰还可以用于防治害虫，减少农药的使用，有助于生产更安全、更环保的农产品。

二、生石灰的施用方法

改良酸化土壤是提高作物产量和品质的重要措施之一，而生石灰作为一种常用的土壤改良剂，能够有效地中和土壤酸度，增加土壤 pH 值，改善土壤结构和提高土壤肥力。

（一）检测土壤酸碱度

在进行土壤改良之前，首先需要对土壤的酸碱度进行准确测量。理想的土壤 pH 值范围是 6. 5～7. 5，这个范围内的土壤酸碱度适宜大多数作物的生长。如果土壤 pH 值低于 6. 5，并且计划种植耐酸性较差的作物，这时就需要使用生石灰进行改良。

（二）选择合适的生石灰

根据土壤的酸碱度情况，选择合适的生石灰产品。购买生石灰时需要注意其质量。一般来说，优质的生石灰呈现白色粉末状，且杂质较少。如果发现生石灰质量较差或者过期，就不要购买或者使用。

（三）确定生石灰施用量

生石灰的施用量取决于土壤的酸性程度、土壤结构、作物需求等因素。通常，每亩①土地施用生石灰的量为 50～100 千克。为了更准确地确定石灰的施用量，可以先进行小范围的试验，根据试验结果调整石灰的施用量。过量施用石灰可能导致土壤碱化，影响作物生长，因此需要谨慎操作。

（四）生石灰的施用

将生石灰均匀地撒在土地表面，然后使用农业机械如犁或旋耕机将生石灰与土壤混合，确保生石灰与土壤充分接触，发挥其

① 1 亩≈667 米^2。全书同。

改良作用。在施用生石灰时，要注意避免生石灰直接与作物种子接触，因为生石灰的强碱性可能会烧伤种子，影响其发芽和生长。通常建议在播种前进行生石灰施用，给予土壤足够的时间进行调整和稳定。同时，要注意生石灰不能与酸性肥料混合使用，否则会降低肥效。

三、生石灰施用的注意事项

在使用生石灰改良酸性土壤时，需要注意以下 6 点。

（一）土地规划与评估

在进行土壤改良之前，要对土地进行全面的评估，包括土壤类型、土壤酸碱度、有机质含量、土壤结构等。根据评估结果，制订出合理的土地规划方案，明确哪些地块需要改良，以及改良的重点和目标。此外，还应考虑作物种植计划，选择适宜的改良措施，确保改良后的土壤能够满足特定作物的生长需求。

（二）土壤水分管理

生石灰与水反应生成热量并形成氢氧化钙，这个过程需要适量的水分。因此，在施用生石灰前，应确保土壤含水量适中，避免过干或过湿。如果土壤过干，应先进行适量的灌溉；如果土壤过湿，则需要采取措施排除多余水分。适宜的土壤含水量有助于生石灰的均匀分布和反应，从而提高改良效果。

（三）土壤监测与调整

在整个改良过程中，定期监测土壤 pH 值和其他相关指标是非常重要的。通过监测，可以了解生石灰对土壤酸碱度的影响和土壤改良的进展情况。如果发现土壤 pH 值变化不明显或出现异常，应及时调整改良措施，如增加或减少生石灰的施用量，或者采取其他辅助改良措施。

（四）长期改良计划

土壤改良不是一次性的工作，而是一个持续的过程。在制订长期改良计划时，应考虑作物轮作、土壤肥力管理、有机质补充、水分保持等多方面因素。长期规划应以提高土壤质量和农业生产的可持续性为目标，通过综合管理措施，逐步改善土壤环境，提高土壤的生产潜力。

（五）避免过量施用

生石灰虽然能够提高土壤 pH 值，但施用过量可能会导致土壤碱化，影响作物的正常生长。因此，在施用生石灰时，一定要根据土壤检测结果和专业建议，合理控制施用量。过量施用生石灰还可能导致土壤结构破坏，降低土壤中的生物多样性。

（六）合理施用时间

生石灰的施用时间也很重要。通常建议在作物种植前进行，以便土壤有足够的时间进行调整和稳定。在施用后，应避免立即播种或种植，以免影响种子的发芽和幼苗的生长。

第二节　钙镁磷肥

一、什么是钙镁磷肥

（一）成分

钙镁磷肥是将磷矿石、含镁和硅的矿石与焦炭等按一定比例混合，经高温（1 400 ℃）熔融后水淬骤冷、粉碎干燥而成的。它是一种以磷为主，同时含有钙、镁、硅等成分的多元肥料，属构溶性磷肥。主要成分为 α 型磷酸三钙，含五氧化二磷 12%～20%，此外还含有 25%～30% 的氧化钙、10%～15% 的氧化镁、25%～40%的二氧化硅等。

（二）性质

钙镁磷肥是灰白色、黑绿色或棕色玻璃状，有光泽的粉末，呈微碱性反应，其2%的水溶液pH值为8.0~8.5。其磷酸盐不溶于水，但能溶于2%的柠檬酸溶液中。钙镁磷肥的产品质量标准见表3-1。

表3-1　钙镁磷肥的产品质量标准

项目		特级品	一级品	二级品	三级品	四级品
有效磷含量（P_2O_5）/%	≥	20	18	16	14	12
水分含量/%	≤	0.5	0.5	0.5	0.5	0.5
细度（过0.18毫米筛）/%	≥	80	80	80	80	80

钙镁磷肥不潮解、不结块，没有腐蚀性，物理性状较好，便于贮存和运输。钙镁磷肥为碱性肥料，故不应与铵态氮肥混存，以免使氮素转化为氨而挥发损失。

钙镁磷肥施入土壤后，移动性小，不易流失，但易被土壤溶液中的酸和作物根系分泌的酸逐渐溶解，进而被作物吸收利用。

二、钙镁磷肥的施用

钙镁磷肥除供应磷素营养以外，对酸性土壤兼有供应钙、镁、硅等元素的能力。因此，钙镁磷肥最适于在酸性土壤上施用，特别是缺磷的酸性土壤，其肥效与等量磷的过磷酸钙相似，甚至超过后者。但在石灰性土壤上施用，其肥效不如过磷酸钙，但其后效较长。

（一）作基肥及早施用

钙镁磷肥的肥效较水溶性磷肥慢，属缓效肥料。其中的磷只能被弱酸溶解，在土壤中要经过较长时间的溶解和转化，才能供作物根系吸收。因此，宜作基肥，且应提早施用，一般不作追肥施用。每亩用量为15~30千克，宜将大部分施于10~15厘米这一根系密集的土层。在旱地可开沟或开穴施用，在水田可耙田时撒施。

(二) 宜作种肥和蘸秧根

钙镁磷肥的物理性良好，适宜作种肥，每亩用量 5~10 千克拌种施入。在南方缺磷的酸性水田，于插秧前每亩用 10~15 千克调成泥浆蘸秧根，随蘸随插，一般比不蘸秧根的增产 10%以上。

(三) 与有机肥料混合堆沤后施用

为了提高钙镁磷肥的肥效，可将其预先和 10 倍以上的优质猪粪、牛粪、厩肥等共同堆沤 1~2 个月后施用。可作基肥或种肥，也可用来蘸秧根。

三、钙镁磷肥施用的注意事项

(1) 钙镁磷肥与过磷酸钙、氮肥配合施用效果比较好，但不能与它们混施。

(2) 钙镁磷肥通常不能与酸性肥料混合施用，否则会降低肥料的效果。

(3) 钙镁磷肥的用量要合适，一般每亩用量要控制在 15~20 千克。钙镁磷肥后效较长，通常亩施钙镁磷肥 35~40 千克时，可隔年施用。

(4) 钙镁磷肥最适合于对枸溶性磷吸收能力强的作物，如油菜、萝卜、蚕豆、豌豆等豆科作物和瓜类等。对生长期短、生长较快及根系有限的作物来说，施用钙镁磷肥的效果不好。

(5) 钙镁磷肥不溶于水，只溶于弱酸，为了增加其肥效，一般要求有 80%~90%的肥料颗粒能通过 0.18 毫米筛孔。我国南方酸性土壤对钙镁磷肥溶解能力较强，肥料颗粒可稍大一些；北方石灰性土壤的溶解能力较弱，肥料颗粒则要更细一些。

(6) 钙镁磷肥应注意施用深度，且用量应大于水溶性磷肥。

钙镁磷肥在土壤中的移动性小，应施在根系密集的地方，以利于吸收。

第三节　生物炭

一、什么是生物炭

（一）生物炭的概念

生物炭是生物质炭的简称，包括木炭、竹炭、秸秆炭等，是把生物质在无氧高温的容器中焖烧，去掉（或回收）焦油及某些有价值的气体后余下的炭状物。

生物炭主要由碳、氢、氧等元素组成，以高度富含碳为主要标志，一般含碳量在70%~80%。根据制备生物炭的生物质材料来源，生物炭可以分为植物源生物炭和动物源生物炭两大类，包括木炭、秸秆炭、谷壳炭、家禽粪便炭、家畜粪便炭等多种类型。生物炭是一种环境友好的新型材料，近年来，经常用来改良土壤、调节温室气体的减排，以及修复受污染场地，其较强的应用潜力引起了越来越多的关注，为解决全球粮食危机、气候变化等环境问题开辟了新的思路。

（二）生物炭的性质

生物炭本身的性质是将生物炭应用于土壤改良的理论依据。生物质原料和热解温度可调控生物炭的结构和性质，进而对生物炭改良土壤的效果产生重要影响。

1. 吸附性

生物炭的高比表面积和多孔结构为其提供了大量的吸附位点，使其能够有效地捕获和固定环境中的有机污染物和重金属离子。这些特性使得生物炭在土壤修复和水处理中具有重要应用。

例如，生物炭可以吸附土壤中的有害化学物质，减少它们对作物和地下水的污染。此外，生物炭的孔隙结构可以通过调节制备条件来优化，以提高其吸附性能。

2. 碱性

生物炭的碱性特性使其能够中和土壤中的酸性物质，如硫酸盐和硝酸盐，从而提高土壤 pH 值。这种 pH 值的调节作用对于改善酸性土壤的肥力至关重要，因为它可以促进有益微生物的活性，提高土壤中养分的有效性，并减少有害金属离子的生物可利用性。

3. 碳含量和稳定性

生物炭中的固定碳主要以稳定的芳香族碳形式存在，这种结构使得生物炭在土壤中具有较高的持久性。高稳定性意味着生物炭可以在土壤中长期存在，从而在碳封存和减少温室气体排放方面发挥作用。炭化温度对生物炭的稳定性有显著影响，高温炭化通常产生更稳定、更持久的生物炭。

4. 养分含量

生物炭中含有的氮、磷、钾等营养元素对植物生长至关重要。这些元素可以被植物直接吸收，或者通过微生物作用转化为植物可利用的形式。生物炭还可以通过其矿物质成分（如钙和镁）来改善土壤结构和提高土壤的阳离子交换能力。

5. 表面官能团

生物炭表面的官能团，如羧基和羟基，不仅参与土壤中的化学反应，还影响生物炭与土壤中其他组分的相互作用。这些官能团的存在增加了生物炭的表面活性，使其能够与土壤中的污染物形成复合物，从而提高污染物的固定和降解效率。

6. 疏水性和持水性

生物炭的疏水性使其能够吸附和保持有机物，减少养分的流失，而其持水性则有助于土壤水分的保持，特别是在干旱条件下。这种双重性质使得生物炭可以在调节土壤水分和养分循环方面发挥重要作用。

7. 微生物活性

生物炭的多孔结构为土壤微生物提供了丰富的栖息地和食物来源，从而提高了微生物多样性和活性。微生物的增加有助于加速有机物的分解，提高土壤养分的循环效率，并可能增强土壤对病害的自然抵抗力。

二、生物炭的施用

生物炭是一种有效的土壤改良剂，其施用方法对于发挥其改良土壤酸化、增加土壤肥力和提高作物产量的作用至关重要。以下是生物炭施用的详细步骤。

（一）选择适宜的生物炭

生物炭的原料多种多样，包括但不限于木材、秸秆、竹子、椰壳等农业和林业废弃物。在选择生物炭时，应考虑原料的可获取性、成本效益以及对当地环境的影响。例如，如果当地有大量的椰壳废弃物，那么使用椰壳生物炭不仅成本较低，还能减少废弃物的环境压力。此外，还应考虑生物炭的质量和特性，如 pH 值、碳含量、孔隙度等，以确保其能够有效改良土壤。

（二）生物炭破碎

大块的生物炭不易与土壤充分接触，因此在施用前需要将其破碎成较小的颗粒或粉末。这样可以增加生物炭与土壤的接触面积，提高其吸附能力和改良效果。破碎可以通过机械研磨或锤击等方式进行，注意在破碎过程中避免产生过多的粉尘。

（三）选择适宜的肥料

为了最大化生物炭的改良效果，通常建议将其与肥料混合施用。肥料的选择应基于土壤测试结果和作物的营养需求。可以选择有机肥，如堆肥、绿肥、动物粪便等，也可以选择无机肥，如氮肥、磷肥、钾肥等。混合施用可以提供土壤所需的养分，同时利用生物炭的吸附性和保水性来提高肥料的利用效率。

（四）混合生物炭与肥料

将破碎后的生物炭与选定的肥料按一定比例混合。混合比例通常根据土壤状况和作物需求来确定，一般建议生物炭与肥料的比例为 1∶(1~3)。混合可以通过手工搅拌或使用混合机械来完成，确保混合物中各成分分布均匀，避免结块。

（五）施用于土壤

将混合好的生物炭肥料均匀撒布于土壤表面。撒布可以通过手工或机械进行，如使用播种机或撒肥机。撒布后，通过耕作将混合物混入土壤中，深度通常为 5~15 厘米，具体深度根据作物根系的深度和土壤结构来确定。耕作过程中应避免过度压实土壤，以免影响土壤的透气性和根系的生长。

（六）后续管理

施用生物炭后，应定期监测土壤 pH 值、有机质含量、养分状况等指标，以评估生物炭的改良效果。根据监测结果，适时调整生物炭和肥料的施用量和施用方法。此外，还应注意保持土壤湿润，以利于生物炭和肥料的分解和作物的吸收。

通过以上步骤，生物炭可以有效地改良酸化土壤，提高土壤质量和作物产量。然而，需要注意的是，生物炭的施用并非一劳永逸，而是一个持续的过程。应结合土壤管理和作物种植的长期规划，持续优化施用策略，以实现土壤酸化的持续改善。

三、生物炭施用的注意事项

（一）施用量要适中

生物炭的适宜施用量是实现土壤改良目标的重要考量。过量施用生物炭可能会导致土壤结构过于紧密，影响土壤的透气性和渗透性，从而对作物根系的生长产生不利影响。此外，过量的生物炭还可能与土壤中的养分发生竞争吸附，影响作物对养分的吸收。因此，建议的施用量通常不超过土壤重量的10%，并且应根据土壤的初始条件和作物的具体需求进行调整。在实际操作中，可以通过小规模试验来确定最佳的施用量。

（二）施用时间要合适

生物炭的施用时间对改良效果也有很大影响。春、秋季气候温和，适宜土壤微生物活动，在这两个季节施用生物炭有利于其与土壤的融合和作用发挥。同时，施用生物炭后应及时进行土壤覆盖，以减少生物炭因风吹日晒而造成的水分蒸发和结构破坏。此外，生物炭与肥料应分开施用，避免生物炭吸附肥料中的养分，影响肥料效果。

（三）关注土壤酸碱度

土壤酸碱度是影响作物生长和土壤健康的关键因素。生物炭具有天然的碱性，可以中和土壤中的酸性物质，提高土壤pH值。然而，不同土壤的酸化程度不同，因此施用生物炭前应先测量土壤pH值，根据测量结果调整生物炭的施用量。对于严重酸化的土壤，需要施用较多的生物炭来提高pH值；而对于近中性或微酸性土壤，则需要施用较少的生物炭。此外，生物炭的pH值调节作用可能需要一段时间才能显现，因此在施用后应持续监测土壤pH值，以便及时调整管理措施。

第四章 测土配方施肥防治土壤酸化

第一节 测土配方施肥概述

一、测土配方施肥的含义

测土配方施肥是以土壤测试和肥效田间试验为基础，根据作物需肥规律、土壤供肥能力和肥料释放规律，在合理施用有机肥的基础上，提出氮、磷、钾和中、微量元素等肥料的合理施用量、科学施用时间和方法，以满足作物均衡吸收各种养分的需求，维持土壤肥力水平，减少养分流失和对环境的污染。通俗地讲，就是通过测定土壤养分，针对作物生长所需要的养分“开药方”，缺什么补什么，缺多少补多少，施用的肥料既能满足作物生长对养分的需要，又不造成浪费，达到用地与养地相结合、投入与产出平衡和农作物高产优质的目的。

二、测土配方施肥的重要意义

（一）增产增收

测土配方施肥的核心在于精准施肥，通过土壤测试了解土壤中各养分的含量和有效性，结合作物的需肥特性，制订合理的施肥方案。这种方法能够在不增加化肥投入的前提下，优化养分供应，使作物得到更加均衡的营养，从而激发作物的增产潜能。提高肥料的利用效率，不仅可以降低农业生产成本，还能提高农产品的市场竞争力，为农民带来更高的经济效益。

（二）减肥优质

传统的施肥方式往往存在过量施肥和养分不平衡的问题，这不仅浪费资源，还可能导致作物品质下降。测土配方施肥通过科学的土壤和作物分析，精确调控养分供应，避免养分过剩或不足，从而提高作物的品质。例如，通过减少氮肥的过量施用，可以有效降低农产品中硝酸盐的含量，提升农产品的安全性和营养价值。此外，合理的磷、钾肥配比也有助于改善作物的口感、色泽和营养价值，满足消费者对高品质农产品的需求。

（三）提产增效

测土配方施肥注重肥料的精准投入和高效利用，优化肥料种类和用量，进而提高肥料的利用效率。这种方法能够减少无效施肥和肥料流失，降低农业生产的资源消耗和环境风险。同时，提高肥料的产投比，即用最少的肥料投入获得最大的产量产出，可以实现农业生产的经济效益最大化。这种高效的施肥方式对于提升农业生产的整体效率和竞争力具有重要作用。

（四）培肥改土

长期的不合理施肥会导致土壤肥力下降和土壤结构破坏。测土配方施肥通过科学的土壤养分管理和有机无机肥料的合理搭配，可以有效改善土壤的理化性质，提高土壤的保水保肥能力和微生物活性。这种方法有助于恢复和提升土壤的自然肥力，促进土壤健康和可持续利用。补充土壤中缺失的养分，如钾素和中、微量元素，可以维持土壤养分平衡，防止土壤退化，为作物生长创造良好的土壤环境。

（五）保护环境

过量和不合理的化肥施用是造成农业面源污染和水体富营养

化的重要原因。测土配方施肥通过控制化肥的投入量和优化施肥方式，减少化肥对环境的负面影响。这种方法有助于减少化肥的流失和渗漏，防止水源污染和温室气体排放，保护农业生态环境。同时，通过提高肥料的利用效率减少化肥的施用量，有助于实现农业生产的可持续发展，促进人与自然和谐共生。

三、测土配方施肥的理论依据

测土配方施肥以养分归还学说、最小养分律、同等重要律、不可代替律、报酬递减律和因子综合作用律等为理论依据，确定不同养分的施用量和配比，遵循有机无机相结合，氮、磷、钾和中、微量元素肥配合施用，用地、养地相结合的基本原则。

（一）养分归还学说

农作物生长所需养分有40%~80%来自土壤，但不能把土壤看作一个取之不尽、用之不竭的“养分库”，必须依靠施肥的方式，把被作物吸收的养分“归还”给土壤，才能保持土壤肥力。配方施肥有助于解决农作物生长需肥与土壤供肥的矛盾。合理适当补充肥料，正确处理好肥料（有机与无机肥料）投入与农作物产出、用地与养地的关系，有助于维持和提高土壤肥力。

（二）最小养分律

最小养分律是指农作物的质量和产量受相对含量最少的养分制约，在一定程度上质量和产量随这种养分的变化而变化。有针对性地补充限制当地农作物质量和产量提高的最小养分，协调各营养元素之间的比例关系，纠正过去单一施肥的偏见，氮、磷、钾和中、微量元素肥料的合理配合施用，有利于发挥养分之间的正交互作用。

（三）同等重要律

在农作物生产中，不论是大量元素还是中、微量元素，都同样重要，缺一不可。即使只缺少某一种微量元素，农作物生长也会受影响而减产，如缺硼时作物会出蕾但不结实。

（四）不可代替律

农作物生长需要的各种营养元素，在农作物体内都有一定功效，不能相互代替，如缺磷不能用氮代替，缺钾不能用氮、磷配合代替。缺少什么营养元素，就必须施用含有该元素的肥料进行补充。

（五）报酬递减律

在其他技术条件（灌溉、品种、耕作等）相对稳定的前提下，农作物产量和质量随着施肥量的增加而增加；但当施肥量超过一定范围时，农作物产量和质量的增幅会呈递减趋势。可以根据这些变化选择最佳的施肥配方和用量。

（六）因子综合作用律

农作物的质量和产量是由影响农作物生长的诸因子综合作用的结果，但其中必有一个起主导作用的限制因子，农作物产量和质量在一定程度上受该限制因子的制约。为了充分发挥肥料的提质增产作用和提高肥料的经济效益，一方面，施肥措施必须与其他农业技术措施密切结合，发挥生产体系的综合功能；另一方面，各种养分配合施用也是提高肥效的重要方法。

第二节　测土配方施肥技术

一、测土配方施肥的方法

测土配方施肥技术是一项科学性、实用性很强的农业科学技术，是在测土的基础上，了解土壤养分状况，根据作物需肥特性，确定氮、磷、钾等养分的用量，通过提供肥料配方，推荐指导农民施用。肥料用量的确定方法主要包括土壤与植株测试推荐施肥方法、肥料效应函数法、土壤养分丰缺指标法和养分平衡法。

（一）土壤与植株测试推荐施肥方法

在综合考虑有机肥、作物秸秆应用和管理措施的基础上，根据氮、磷、钾和中、微量元素的不同特征，采取不同的养分优化调控与管理策略。对于氮素，推荐根据土壤供氮状况和作物需氮量，进行实时动态监测和精确调控，包括对基肥和追肥的调控；对于磷、钾元素，通过土壤养分测试，根据养分平衡状况进行调控；对于中、微量元素，采用因缺补缺的矫正施肥技术。

（二）肥料效应函数法

不同肥料施用量对作物产量的影响，称为肥料效应。施肥量与产量之间的函数关系可用肥料效应方程表示。此法一般以单因素或双因素多水平试验设计为基础，将不同处理得到的产量进行数理统计，求得产量与施肥量之间的函数关系（即肥料效应方程）。对方程的分析，不仅可以直观地看出不同元素肥料的增产效应，以及其配合施用的联合效应，而且可以分别计算出肥料的经济施用量（最佳施用量）、施肥上限和施肥下限，作为建议施肥量的依据。

（三）土壤养分丰缺指标法

利用土壤养分测定值和作物吸收养分之间的相关性，通过田间试验，把土壤测定值以一定的级差分等，制成养分丰缺及应施肥数量检索表，取得土壤测定值，就可以参照检索表按级确定肥料施用量。

通过土壤养分丰缺指标，首先要在30个以上不同土壤肥力水平，即不同土壤养分测定值的田块上安排试验，每个试验点都要测定土壤速效养分含量。收获后计算产量，用缺素区产量占全肥区产量的百分数即相对产量的高低来表示土壤养分的丰缺情况。用下列公式计算相对产量：

$$相对产量（\%）=\frac{缺肥区作物产量}{全肥区作物产量}\times 100 \qquad (4-1)$$

相对产量低于50%的土壤养分为极低，相对产量50%～75%的为低；相对产量75%～95%的为中；相对产量大于95%的为高，从而确定适用于某一区域、某种作物的土壤养分丰缺指标及对应的施用肥料数量。对该区域其他田块，通过土壤养分测定，就可以了解土壤养分的丰缺状况，提出相应的推荐施肥量。

（四）养分平衡法

根据目标产量需肥量与土壤供肥量之差估算目标产量所需的施肥量，通过施肥补足土壤供应不足的养分。施肥量的计算公式为：

$$施肥量=\frac{目标产量所需养分总量-土壤供肥量}{肥料中养分含量\times 肥料当季利用率} \qquad (4-2)$$

养分平衡法涉及目标产量、作物需肥量、土壤供肥量、肥料当季利用率和肥料中养分含量五大参数。土壤供肥量是指不施肥时作物养分的吸收量。目标产量确定后，根据土壤供肥量的确定方法，形成了地力差减法和土壤有效养分校正系数法两种方法。

二、测土配方施肥的流程

测土配方施肥涉及面比较广，是一个系统工程。整个实施过程需要农业、科研、技术推广部门与新型农业经营主体及广大农民互动，现代先进技术与传统实践经验相结合，具有明显的系列化操作、产业化服务的特点。

（一）采集土样

严格执行操作程序，高度重视土样采集，一般在秋收后进行，采样的主要要求是选择的地点以及采集的土样要有代表性。采集土样是平衡施肥的基础，土样如果不准，就从根本上失去了平衡施肥的科学性。为了正确了解农作物生长期内土壤耕层中养分供应状况，采样深度一般为 20 厘米，如果农作物根系较长，可以适当增加采样深度。采样一般以 50～100 亩为 1 个单位，具体面积要根据实际情况来定，如果地块面积大、肥力相近，采样代表面积可以大一些；如果是坡耕地或地块零星、肥力变化大，采样代表面积可以小一些。采样可选择东、西、南、北、中 5 个点，去掉表土覆盖物，按标准深度挖成剖面，按土层均匀采土。然后，将从各点采得的土样混匀，用四分法逐项减少样品数量，最后留 1 千克左右即可。将采得的土样装入布袋，布袋内外都要挂放标签，标明采样地点、日期、采样人等有关内容，为制定配方和肥效田间试验提供基础数据。

（二）土壤化验

土壤化验就是土壤诊断，由县以上农业和科研部门的化验室或专业检测机构进行。化验内容根据实际需要确定，一般采用的是 5 项基础化验，即 pH 值、有机质、碱解氮、有效磷和速效钾。这 5 项之中，碱解氮、有效磷、速效钾是体现土壤肥力的三大标志性指标，有机质和 pH 值这两项指标与土壤的肥力和作物的生长状况息息相关。土壤化验要准确、及时。要按农户和地块填写化验单，并登记造册，装入地力档案，输入电脑，建好土壤数据库。

（三）设计配方

根据土壤养分校正系数、土壤供肥量、作物需肥规律和肥料综合利用率等基本参数，在合理施用有机肥的基础上，制订氮、磷、钾及中、微量元素等肥料配方，由农业专家和专业技术人员来完成。可聘请农业大学、农业科学院和土壤肥料管理站的专家并成立专家组，负责分析研究有关技术数据资料，科学确定肥料配方。需要根据地块种植的农作物品种及其目标产量需肥量、土壤供肥量，以及不同肥料当季利用率，选定肥料配比和施肥量。这个肥料配方应按测试地块落实到农户，按户、按作物、按地块开方，以便农户按方买肥，“对症下药”。

（四）配肥加工

配肥指依据施肥配方，以单质肥料或复混肥料为原料，配制配方肥料。组建平衡施肥社会化服务组织，实行统一测土、统一配方、统一配肥、统一供肥、统一技术指导，为广大农民服务。首先，配方肥的生产要把住原料肥的关口，选择知名肥料厂家，选用质量好、价格合理的原料肥；其次，要科学配肥，统一建立配肥厂。

（五）正确施肥

配方肥料大多是作为底肥一次性施用。要掌握好施肥深度，控制好肥料与种子、根系的距离，尽可能有效地满足农作物苗期和生长中、后期对肥料的需要。施用追肥，更要看天、看地、看作物，掌握施肥时机，提倡水施、深施，提高施肥技术水平，发挥最佳肥效。

（六）做好监测

平衡施肥是一个动态管理的过程。施用配方肥料之后，要观察农作物生长情况，要看收成，并进行分析。在农业专家指导下，农业技术人员与新型农业经营主体和农户相结合，强化地块监测，调查分析，翔实记录，将资料纳入测土配方施肥管理档案，并将监测结果及时反馈给相关专家，作为调整修订平衡施肥配方的重要依据。

（七）修订配方

按照测土数据和田间监测的情况，由农业专家共同分析研究，修订肥料配方，使平衡施肥的技术措施更切合实际，更具科学性。这种修订符合科学发展的客观规律，每一次修订都是一次测土配方施肥水平的提升。

（八）技术创新

技术创新是保证测土配方施肥工作长效性的重要支撑。重点开展田间试验方法、土壤养分测试技术、肥料配制方法、数据处理方法等方面的创新研究工作，不断提升平衡施肥技术水平。

测土配方施肥，必须在充分了解农作物需肥特性、土壤肥力状况和肥料性能、气候条件及栽培技术的前提下进行，合理运筹基肥、种肥、追肥的数量和施用方法，逐渐形成符合当地生产条件的合理施肥体系。此外，还应注意根据肥料对农作物有效成分合成与积累的影响进行配方施肥，农作物体内不同有效成分的合成与积累具有不同规律，不同的肥料对其产生的影响也不相同。因此，在进行配方施肥时需要考虑不同有效成分的合成与积累规律，所施肥料的种类、数量和施用时期应以保证或提高有效成分含量为原则。

第三节　配方肥料的合理施用

在养分需求与供应平衡的基础上，坚持有机肥料与无机肥料相结合，坚持大量元素与中、微量元素相结合，坚持基肥与追肥相结合，坚持施肥与其他措施相结合。在确定肥料用量和肥料配方后，合理施肥的重点是选择配方肥料种类、确定施肥时期和施肥方法等。

一、配方肥料种类

根据土壤性状、肥料特性、作物营养特性、肥料资源等综合因素确定肥料种类，可选用单质或复混肥料自行配制配方肥料，也可直接购买配方肥料。

二、施肥时期

根据作物阶段性养分需求特性、灌溉条件和肥料性质，确定施肥时期。植物生长旺盛和吸收养分的关键时期应重点施肥，有灌溉条件的地区应分期施肥。对作物不同时期的氮肥推荐量的确定，有条件区域应建立并采用实时监控技术。

三、施肥方法

根据作物种类、栽培方式、灌溉条件、肥料性质、施肥设备等确定适宜的施肥方法。常用的施肥方式有撒施后耕翻、条施、穴施等。例如，配方肥料一般作为基肥施用，撒施后结合整地翻入土壤。根据土壤供肥特点和作物需肥规律，合理确定基肥追肥施用比例，因地、因苗、因水、因时分期施肥技术。在有条件的地方，推广肥料深施、种肥同播、水肥一体化等先进技术。

第五章 有机肥防治土壤酸化

第一节 有机肥概述

一、有机肥的概念

有机肥是我国农业生产中的一类重要肥料，有广义和狭义之分。

（一）广义上的有机肥

广义上的有机肥俗称农家肥，是指以各种动物、植物残体或代谢物为原材料制成，还包括饼肥（菜籽饼、棉籽饼、豆饼、芝麻饼、蓖麻饼、茶籽饼等）、堆肥、沤肥、厩肥、沼肥、绿肥等。施用有机肥的主要目的是供应有机物质，借此来改善土壤理化性能，提供植物生长所需营养，改善土壤生态系统的循环。

（二）狭义上的有机肥

狭义上的有机肥是指商品有机肥，是指以各种动物废弃物和植物残体为原材料，采用物理、化学、生物或三者兼有的处理技术，经过一定的加工工艺，消除其中的有害物质，达到无害化标准而形成的，符合国家法律法规及相关标准［如《有机肥料》（NY/T 525—2021）］的一类肥料。商品有机肥中富含大量有益物质，包括多种有机酸、肽类以及氮、磷、钾等营养元素，为植物提供全面营养；肥料肥效时间长，可增加和更新土壤的有机质、促进微生物繁殖、改善土壤的理化性质和生物活性。

《有机肥料》（NY/T 525—2021）中对商品有机肥进行的规定，主要包括外观、技术指标和限量指标。

1. 外观

外观均匀，粉状或颗粒状，无恶臭。目视、鼻嗅测定。

2. 技术指标

有机肥的技术指标应符合表 5-1 的要求。

表 5-1　有机肥的技术指标

项目	指标
有机质的质量分数（以烘干基计）/%	≥30
总养分（$N+P_2O_5+K_2O$）的质量分数（以烘干基计）/%	≥4.0
水分（鲜样）的质量分数/%	≤30
酸碱度（pH 值）	5.5~8.5
种子发芽指数（GI）/%	≥70
机械杂质的质量分数/%	≤0.5

3. 限量指标

有机肥的限量指标应符合表 5-2 的要求。

表 5-2　有机肥的限量指标

项目	指标
总砷（As）/（毫克/千克）	≤15
总汞（Hg）/（毫克/千克）	≤2
总铅（Pb）/（毫克/千克）	≤50
总镉（Cd）/（毫克/千克）	≤3
总铬（Cr）/（毫克/千克）	≤150
粪大肠菌群数/（个/克）	≤100

（续表）

项目	指标
蛔虫卵死亡率/%	≥95
氯离子的质量分数/%	—
杂草种子活性/（株/千克）	—

二、有机肥缓解土壤酸化原理

有机肥在农业生产中扮演着至关重要的角色，尤其是在缓解土壤酸化方面。

（一）有机肥能中和土壤酸度

土壤酸化是农业生产中普遍存在的问题，它会降低土壤肥力，影响作物的正常生长。有机肥中含有丰富的有机质和碱性物质，如碳酸钙、氧化钙等，这些成分能够有效中和土壤中的酸性物质，如氢离子和铝离子等，从而提高土壤 pH 值，使土壤环境更适宜作物生长。此外，在有机质的分解过程中会产生一定量的碱性物质，这些物质能够进一步中和土壤酸度，维持土壤酸碱平衡。

（二）有机肥能促进土壤微生物活动

土壤微生物是土壤生态系统中不可或缺的组成部分，它们参与有机质的分解和养分的循环。有机肥料中的有机质为微生物提供了丰富的食物来源和能量，促进了微生物的生长和繁殖。微生物活动不仅有助于有机质的分解，还能释放出土壤中固定的磷、钾等养分，使这些养分变得可被作物吸收利用。此外，一些微生物还能够通过其代谢活动产生碱性物质，如氨和碳酸盐等，这些物质能够进一步中和土壤酸度，改善土壤环境。

（三）有机肥增加土壤可膨胀性

有机质是土壤结构的重要组成部分，它具有很强的吸水保水能力，能够改善土壤的物理性质。有机肥料的施用可以显著增加土壤中的有机质含量，提高土壤的保水能力，减少水分的蒸发损失。同时，在有机质的分解过程中会形成土壤团聚体，这些团聚体能够增加土壤的孔隙度，提高土壤的通透性和可膨胀性。土壤的透气性和保水性的改善，有利于根系的生长和扩展，增强作物对水分和养分的吸收能力，从而提高作物的生长质量和产量。

综上所述，有机肥通过中和土壤酸度、促进土壤微生物活动和增加土壤可膨胀性等多种机制，有效地缓解了土壤酸化问题。合理施用有机肥不仅能够提高土壤质量、促进作物生长，还能够保护和改善农业生态环境，实现农业生产的可持续发展。因此，推广使用有机肥是缓解土壤酸化、提高农业生产效率的重要措施之一。

三、有机肥的施用要求

施肥的根本目标就是通过施肥改善土壤理化性状，协调作物生长环境。充分发挥肥料的增产作用，不仅要协调和满足当季作物增产对养分的要求，还应保持土壤肥力，维持农业可持续发展。土壤、植物和肥料三者之间，既互相关联，又相互影响、相互制约。科学施肥要充分考虑三者之间的相互关系，针对土壤、作物合理施肥。

（一）因土施肥

1. 根据土壤肥力施肥

土壤肥力是土壤供给作物不同数量、不同比例养分，适应作物生长的能力。它包括土壤有效养分供应量、土壤通气状况、土壤保水保肥能力、土壤微生物数量等。

土壤肥力高低直接决定着作物产量的高低，首先应根据土壤肥力确定合适的目标产量。一般以该地块前 3 年作物的平均产量增加10%作为目标产量。

根据土壤肥力和目标产量确定施肥量。对于高肥力地块，土壤供肥能力强，适当减少底肥比例，增加后期追肥的比例；对于低肥力土壤，土壤供应养分量少，应增加底肥的用量，后期合理追肥。尤其要增加低肥力地块底肥中有机肥的用量，有机肥料不仅能提供当季作物生长所需的养分，还可培肥土壤。

2. 根据土壤质地施肥

根据不同质地土壤中有机肥养分释放转化性能和土壤保肥性能不同，应采用不同的施肥方案。

砂土土壤肥力较低，有机质和各种养分的含量均较低，土壤保肥保水能力差，养分易流失。但砂土有良好的通透性能，有机质分解快，养分供应快。砂土应增施有机肥，提高土壤有机质含量，改善土壤的理化性状，增强保肥、保水性能。但对于养分含量高的优质有机肥，一次施用量不能太多，施用过量也容易烧苗，转化的速效养分也容易流失，养分含量高的优质有机肥可分底肥和追肥多次施用。也可深施大量堆腐秸秆和养分含量低、养分释放慢的粗杂有机肥。

黏土保肥、保水性能好，养分不易流失，但土壤供肥慢，土壤紧实，通透性差，有机成分在土壤中分解慢。黏土地施用的有机肥必须充分腐熟；黏土养分供应慢，有机肥应早施，可接近作物根部。

旱地土壤水分供应不足，阻碍养分在土壤溶液中向根表面迁移，影响作物对养分的吸收利用。应大量增施有机肥，增加土壤团粒结构，改善土壤的通透性，增强土壤蓄水、保水能力。

（二）根据作物需肥规律施肥

不同作物种类、同一种类作物的不同品种对养分的需要量及其比例、对养分的需要时期、对肥料的忍耐程度等均不同，因此在施肥时应充分考虑每一种作物的需肥规律，制订合理的施肥方案。

1. 蔬菜类型与施肥方法

（1）需肥期长、需肥量大的类型。这种类型的蔬菜，初期生长缓慢，中后期生长迅速，从根或果实的肥大期至收获期，需要大量养分来维持旺盛的长势。西瓜、南瓜、萝卜等生育期长的蔬菜，大都属于这种类型。这些蔬菜的前半期，只能看到微弱的生长，一旦进入成熟后期，活力增大，生长旺盛。

从养分需求来看，前期养分需要量少，应重在作物生长后期多追肥，尤其是氮肥，但由于作物枝叶繁茂，后期不便施有机肥。因此，有机肥最好还是作为基肥，施在离根较远的地方，或是作为基肥进行深施。

（2）需肥稳定型。收获期长的番茄、黄瓜、茄子等茄果类蔬菜，以及生育期长的芹菜、大葱等，生长稳定，对养分供应要求稳定持久。前期要稳定生长形成良好根系，为后期的植株生长奠定好的基础。后期是开花结果时期，既要保证好的生长群体，又要保证养分向果实转移，形成品质优良的产品。因此，这类作物底肥和追肥都很重要，既要施足底肥以保证前期的养分供应，又要注意追肥以保证后期的养分供应。一般有机肥和磷、钾肥均作底肥施用，后期注意追氮、钾肥。同样是茄果类蔬菜，番茄、黄瓜是边生长边收获，而西瓜和甜瓜则是边抑制藤蔓疯长边瓜膨大，故两类作物的施肥方法不同。两者的共同点是多施有机肥作底肥，不同点是在追肥上，西瓜、甜瓜应采用少量多次的原则。

（3）早发型。这类作物在初期就开始迅速生长。像菠菜、莴苣等生育期短、一次性收获的蔬菜就属于这个类型。若后半期氮素肥效过大，这些蔬菜品质则恶化。因此，应以基肥为主，施肥位置也要浅一些，离根近一些。白菜、圆白菜等结球蔬菜，既需要良好的初期生长，又需要在后半期也有一定的长势，保证结球紧实，因此后半期也应追少量氮肥，保证后期的生长。

2. 根据栽培措施施肥

（1）根据种植密度施肥。密度大可全层施肥，施肥量大；密度小，应集中施肥，施肥量减少。果树按棵集中施肥。行距较大但株距小的蔬菜或经济作物，可按沟施肥；行距、株距均较大的作物，可按棵施肥。

（2）注意水肥配合。肥料施入土后，养分的保存、移动、吸收和利用均离不开水，施肥后应立即浇水，防止养分的损失，提高肥料的利用率。

（3）根据栽培设施施肥。保护地为密闭的生长环境，应使用充分腐熟的有机肥，以防有机肥在大棚内二次发酵，造成氨气富集而烧苗。由于保护地内没有雨水的淋失，土壤溶液中的养分在地表富集容易产生盐害，因此有机肥、化肥一次施用量不宜过多，而且施肥后应配合浇水。

（三）有机肥与化肥配合

有机肥虽然有许多优点，但是它也有一定的缺点，如养分含量少、肥效迟缓、当年肥料中氮的利用率低（20%～30%）。因此，在作物生长旺盛、需要养分最多的时期，有机肥往往不能及时供给养分，常常需要用追施化肥的办法来解决。有机肥和化肥的特点如下。

有机肥的特点：①含有机质多，有改土作用；②含多种养分，但含量低；③肥效缓慢，但持久；④有机胶体有很强的保肥能力；⑤养分全面，能为作物增产提供良好的营养基础。

化肥的特点：①能供给养分，但无改土作用；②养分种类单一，但含量高；③肥效快，但不能持久；④浓度大，有些化肥有淋失问题；⑤养分单一，可重点提供某种养分，弥补其不足。

因此，为了获得高产，提高肥效，就必须有机肥和化肥配合施用，以便取长补短，缓急相济。单方面地偏重有机肥或化肥，都是不合理的。

第二节　农家肥

农家肥是指在农村中收集、积制或栽种的各种有机肥。这些肥料就地取材，主要由各种动植物的残体或代谢物组成，如人畜粪便、秸秆、动物残体和屠宰场废弃物等。另外，农家肥还包括饼肥（菜籽饼、棉籽饼、豆饼、麻籽饼等）、堆肥、沤肥、厩肥、泥肥和绿肥等。与化肥相比，农家肥具有成本低廉、环保无污染、改善土壤结构等优点。下面介绍几种较为常见的农家肥。

一、人粪尿

人粪尿是一种养分含量高、肥效快，适于各种土壤和作物的有机肥料，常被称为“精肥”“细肥”，为流体肥料，易流失或挥发损失，同时还含有很多病菌和寄生虫卵，若施用不当，易传播病菌和虫卵。

（一）施用方法

人粪尿是速效肥料，可作种肥、基肥和追肥，最适于作追肥。

作基肥一般每亩施用500~1 000千克；旱地作追肥时应用水稀释成3~4倍甚至10倍的稀薄人粪尿液浇施，然后盖土。

水田施用时，宜先排干水，将人粪尿稀释2~3倍后泼入田中，结合中耕或耘田，使肥料被土壤吸附，隔2~3天再灌水。人尿可用来浸种，有促进种子萌发、出苗早、苗健壮的作用，一般采用5%鲜人尿溶液浸种2~3 h。

（二）注意事项

（1）腐熟时，要注意在沤制和堆腐过程中，切忌向人粪尿中加入草木灰、石灰等碱性物质，这样会使氮变成氨气挥发损失。向沤制、堆制材料中加入干草、落叶、泥炭等吸收性能好的材料，可使氮损失减少，有利于养分保存。不宜将人粪尿晒制成粪干，因为在晒制粪干的过程中，约40%以上的氮损失掉，同时也污染环境。

（2）人粪尿是以氮为主的有机肥料。它腐熟快，肥效明显。由于数量有限，目前多集中用于菜地。

（3）人粪尿用于保护地芹菜、莴苣、茼蒿、甘蓝、菠菜等绿叶蔬菜作物，增产效果尤为显著。含有氯离子，在忌氯作物如马铃薯、瓜果、甘薯、甜菜等蔬菜上施用不宜过多，否则不仅块茎或块根淀粉含量降低，而且不耐贮藏。在盐碱地或排水不畅的旱地也不宜一次大量施用。

（4）人粪尿含有机质不多，且用量少，易分解，所以改土作用不大。

（5）人粪尿是富含氮的速效肥料，但是含有机质、磷、钾等较少，为了更好地培养地力，应与厩肥、堆肥等有机肥料配合施用。

（6）人粪尿适用于各种土壤和大多数作物。但在雨量少又没有灌溉条件的盐碱土上，最好兑水稀释后分次施用。

（7）新鲜人尿宜作追肥，但应注意，在作物幼苗生长期，直接施用新鲜人尿有烧苗的风险，需经腐熟兑水后施用。在设施蔬菜上施用，一定要用腐熟的人粪尿，以防蔬菜氨中毒和病菌传播。

二、家畜禽粪尿

（一）家畜粪尿

家畜粪尿是指家畜（猪、马、牛、羊）的排泄物。

猪粪尿有较好的增产和改土效果，可作基肥、追肥，适用于各种土壤和作物。腐熟好的粪尿可用作追肥，但没有腐熟的鲜粪尿不宜作追肥。没有腐熟的鲜粪尿施到土壤以后，经微生物分解会释放出大量二氧化碳，并产生发酵热，消耗土壤水分，大量施用对种子、幼苗、根系生长均有不利影响。此外，生粪下地还会导致土壤有限的速效养分被微生物消耗，发生“生粪咬苗”现象。腐熟后的马粪适用于各种土壤和作物，用作基肥、追肥均可。马粪分解快，发热大，故一般不单独施用，主要用作温床的发热材料。牛粪尿多用作基肥，适用于各种土壤和农作物。羊粪尿同其他家畜粪尿一样，可作基肥、追肥，适用于各种土壤和作物。羊粪由于较其他家畜粪浓厚，在砂土和黏土上施用均有良好的效果。

（二）禽粪

禽粪是鸡粪、鸭粪、鹅粪、鸽粪等家禽粪的总称，有机质和氮、磷、钾养分含量都比较高，还含有1%～2%的氧化钙和其他微量元素成分，其养分含量远远高于家畜粪便。例如，鸡粪的氮、磷、钾养分含量是家畜粪便的3倍以上，可以说禽粪是一种高浓度天然复合肥料。

禽粪适用于各种作物和土壤，不仅能增加作物的产量，而且能改善农产品品质，是生产有机农产品的理想肥料。新鲜禽粪易招引地下害虫，因此必须腐熟。因其分解快，宜作追肥施用，如作基肥可与其他有机肥料混合施用。

精制的禽粪有机肥每亩施用量不超过2 000千克，精加工的商品有机肥每亩用量300~600千克，并多用于蔬菜等经济作物。

三、沼肥

沼肥是指动植物残体、排泄物等有机物料经沼气发酵后形成的沼液和沼渣肥料。它是作物秸秆、杂草树叶、生活污水、人畜粪尿等在密闭条件下进行厌氧发酵，制取沼气后的残渣和沼液，残渣约占13%、沼液占87%左右。沼气发酵过程中，原材料有40%~50%的干物质被微生物分解，其中的碳大部分分解产生沼气（即甲烷），被用作燃料；而氮、磷、钾等营养元素，除氮有一部分损失外，绝大部分保留在发酵液和沉渣中，其中还有一部分被转化成腐植酸类的物质。沼肥是一种缓速兼备又具有改良土壤功能的优质肥料。制取沼气后的沉渣，其碳氮比明显变小，养分含量比堆肥、沤肥高。沉渣的性质与一般有机肥相同，属于迟效性肥料，而沼液的速效性很强，能迅速被作物吸收利用，是速效性肥料。其中，铵态氮的含量较高，有时可比发酵前高2~4倍。一般堆肥中速效氮含量仅占全氮的10%~20%，而沼液中速效氮可占全氮的50%~70%，所以沼液可看作是速效性氮肥。

发酵池内的沉渣宜作基肥；沼液宜作追肥，也可作叶面肥，还可用于浸种、杀蚜；燃烧沼气还可增温、释放二氧化碳。

沼液和沼渣的混合物作基肥时，每亩用量1 600千克，作追肥时每亩1 200千克；沼液作追肥时每亩2 000千克，一般可结合灌水施用。旱地施用沼液时，最好是深沟施6~10厘米，施后立即覆土，防止氨的挥发。实践证明，在施肥量相同的条件下，深施比浅施可增产10%~12%，比地表施用增产20%。在栽培条件相同的情况下，施用沼气肥的蔬菜比施用普通粪肥增产幅度在10%以上，而且可减少病虫害的发生。

四、饼肥

饼肥是指含油较多的植物种子经压榨去油后的残渣制成的肥料。大豆、花生、芝麻、油菜、茶籽、棉籽、菜籽等榨油后的渣质都可做成饼肥，它是一种优质的有机肥料。

（一）施用方法

饼肥是一种养分丰富的有机肥料，肥效高并且持久，适用于各种土壤和作物，一般多用在蔬菜、花卉、果树等附加值高的园艺作物上，可作基肥和追肥。

1. 饼肥可作基肥，也可作追肥

施用前应打碎，作基肥时，可直接用也可沤制发酵后再用，在定植前 5~7 天施用。以施在 10~20 厘米土壤为宜，不要施在地表，也不可过深。但是饼肥作种肥时必须充分腐熟，因为饼肥在发酵过程中会发热，会烧根而影响种子发芽；或者与堆沤过的有机肥一同施入土中作基肥，这样比较安全。作追肥时，饼肥也应经过发酵，没有经过发酵的饼肥，肥效很慢，会失去追肥的最佳时机。

2. 施用方法

在植株定植时使用，先挖好定植穴，每穴施入腐熟的饼肥 100 克左右，与土壤混合均匀后再定植。据调查，这种施肥方法可使蔬菜产量增加 10%~20%，而且产出的蔬菜商品性好、品质佳，尤其在黄瓜、番茄上使用增产效果显著。此外，饼肥还可以与基肥一起混施，其用量根据作物、土壤肥力而定，土壤肥力低和耐肥品种宜适当多施；反之，应适当减少施用量。一般中等肥力的土壤，黄瓜、番茄、甜（辣）椒等每亩施 100 千克左右。

3. 施用时期

作瓜类、茄果类作物基肥时宜在定植前 7~10 天施用，作追

肥一般可在结果后 5~10 天在行间开沟或穴施，施后盖土。

4. 综合利用

大豆饼、花生饼、芝麻饼等含有较多的蛋白质及一部分脂肪，营养价值较高，可将其作为生猪饲料，通过养猪积肥，既可发展养猪业，又可提供优质猪粪肥。还有些油饼含有毒素，如菜籽饼、茶籽饼、桐籽饼、蓖麻饼，不宜作饲料，但可以用作工业原料。例如，茶籽饼含有 13.8%的皂素，在工业上可作为洗涤剂和农药的湿润剂，应先提取皂素后再作肥料。茶籽饼的水溶液能杀死蚜虫，也可先作农药后肥田。

（二）注意事项

最好与生物菌肥混用，生物菌肥中的有机态氮、磷更有利于被作物吸收利用。饼肥营养元素比较单一，而且为迟效性肥料，因此，在使用时，应注意配合施用适量的有机肥，尽量不要与化肥混用，以免引起作物徒长或作物烧根。饼肥数量有限时，应优先用于瓜类、蔬菜和经济作物上。

五、海肥

我国海岸线长，沿海生物繁盛，各地海产加工的废弃物如鱼杂、虾糠，许多不能食用的海洋动物如海星、蟛蜞，以及海生植物如海藻、海青苔等都是优质的肥料。海肥的种类很多，一般分为动物性、植物性、矿物性三大类，其中动物性海肥种类多、数量大、使用广、肥效快。

（一）动物性海肥

动物性海肥由鱼、虾、贝等水生动物的残体或海产品加工的废弃物制作而成，含有丰富的氮、磷、钾、钙和有机质，以及各种微量元素。

动物性海肥包括鱼虾肥、贝壳肥、海胆肥等，以鱼虾肥为主。鱼虾肥原料多为无食用价值的种类或加工后的废弃物，如头部、鱼鳞、尾部、鱼泡、内脏、刺骨和残留鱼肉等。这类海肥富含有机态氮和磷，氮大部分呈蛋白质形态，磷多为有机态或不溶性的磷化物，如磷脂和磷酸三钙。贝壳肥含有丰富的石灰质，分解后产生大量的碳酸钙成分，适用于酸性土壤或缺钙的土壤。海胆类海肥含有氮、磷、钾和碳酸钙成分，但养分含量较低。

动物性海肥通常不能直接施用，需压碎、脱脂或沤制待其腐烂、分解后施用。一般在大缸或池内加原料和其质量 4~6 倍的水，搅拌均匀后加盖沤制 10~15 天，腐熟稀释 1~2 倍，混在堆肥、厩肥、土粪中腐解后施用。动物性海肥可作基肥或追肥，浇施或干施均可。纯鱼虾肥施用量为 10~15 千克/亩；贝壳肥是优质的石灰质肥料，可掺入堆肥、厩肥中用于改良酸性土壤。

（二）植物性海肥

植物性海肥是指以海藻、海青苔和海带或海带提取碘以后余下的海带渣为原料，经过加工制作而成的有机肥料。海藻肥是天然的有机肥，对人、畜无害，对环境无污染，人们广泛利用的海藻主要是海藻中的红藻、绿藻和褐藻。海藻不含杂草种子及病虫害源，用作堆肥，可有效防止杂草及病虫害发生，对蔬菜、果树、粮食等作物具有普遍的增产效果。海带属于大型经济藻类，含有大量的高活性成分和天然植物生长调节剂，可刺激植物体内非特异性活性因子的产生，能促进作物生长发育，提高产量。作物施用海带肥后长势旺盛，可明显提高烟草、棉花、花卉等经济作物的品质，尤其是对大棚蔬菜，增产增值效果十分显著。

植物性海肥的制作步骤包括晾晒、粉碎（破壁）、提取或发酵、浓缩和干燥。具体的方法：先将海藻、海带或海青苔去沙后晒干或于 50~70 ℃下烘干至含水量 10%左右，充分切碎，以 1：

(15~20）的质量比溶于水，过滤后得浸提液，有条件的也可以使用超声波破壁后过滤得浸提液，将浸提液浓缩、干燥后制成高端植物性海肥。也可以将晒干切碎后的海藻、海带或海青苔物料，添加微生物发酵剂和水（含水量控制在55%~65%)，混匀堆制发酵，当堆温达到50 ℃左右时翻堆，直至堆体无异味散发。发酵完成后低温晾晒、干燥，使含水量降至30%以下，经筛分、造粒后制成可销售使用的普通商品海肥。海洋植物含盐量较高，制作肥料之前必须晒干。

海带渣肥既能充分利用工业生产过程中的废弃物，保护生态环境，又降低了农业生产成本。此肥料的制作过程：将海带渣粗碎，调节含水量到55%左右，加入1%的市售玉米粉和3‰的市售微生物菌剂，进行堆肥发酵。每2天翻堆1~2次，使其保持微好氧发酵条件，发酵24~26天，发酵过程中注意用塑料泡沫、薄膜等密封保温。发酵完成后经干燥、造粒后即可生产成质量合格的有机肥，可直接作基肥施用。

（三）矿物性海肥

矿物性海肥包括海泥、苦卤等。

1. 海泥

海泥是由海中动、植物残体和随江河水入海带来的大量泥土、有机质等淤积而成的。海泥中含有丰富的有机质及氮、磷、钾、铜、锌和锰等营养元素，是较为经济的有机肥源。海泥的养分含量与沉积条件有关，江、河入海有避风港堆积而成的泥底，养分含量多；江、河入海无避风港淤积而成的沙底，养分含量少。海泥盐分多，应经晾晒使得其中有毒的还原性物质被氧化后再施用，或与堆肥、厩肥混合堆沤10~20天后作基肥或追肥施用。泥质海泥适用于砂土，沙质海泥适用于黏性重的土壤，可以改良土壤，提高其保水、保肥能力。

2. 苦卤

苦卤是海水晒盐后的残液，主要含氯化镁、氯化钠、氯化钾及硫酸镁等成分。苦卤一般与其他有机肥混合或堆沤后施用，也可以添加氮、磷、钾等配制成复混肥施用。苦卤主要用于高度淋溶、高度风化的缺镁大田、蔬菜基地或大棚蔬菜中，但不宜用于排水不良的低洼地或盐碱地。

第三节　商品有机肥

一、商品有机肥的类型

根据原料来源、生产工艺和营养成分，商品有机肥主要分为以下 3 类。

（一）精制有机肥

精制有机肥是指经过发酵、腐熟处理的有机物料，其有机质含量通常大于或等于 45%。这类有机肥的原料可以是畜禽粪便、农作物秸秆、动植物残体等，它们通过一系列的无害化处理和腐熟过程，变成适合施用的肥料。精制有机肥的产品剂型多样，包括粉状、颗粒状、液体状等，能够提供植物所需的多种有机酸、肽类以及氮、磷、钾等养分。

（二）生物有机肥

生物有机肥是将特定功能微生物与经无害化处理、腐熟的有机物料复合而成的肥料。这类有机肥兼具微生物肥料和有机肥的效应，能够有效改善土壤环境，促进植物生长。生物有机肥中的微生物菌种应安全、有效，并且有明确来源和种名。产品的有机质含量不低于 40%，并且含有一定数量级的有效活菌数。此外，生物有机肥还需要满足一定的重金属限量指标要求，以确保其安全性。

（三）有机无机复混肥

有机无机复混肥是由有机肥和无机肥掺混或化学合成的肥料。这类肥料结合了有机肥的营养全面性和无机肥的速效性，能够更好地满足作物的营养需求。这类肥料的产品剂型通常包括条状和颗粒两类，方便施用和运输。

二、商品有机肥的选择

商品有机肥的品种很多，而用于制作商品有机肥的原料更多，因此在改良酸性土壤的时候也应选择合适的商品有机肥。用于制造商品有机肥的原料：一是自然界有机物，如森林枯枝落叶；二是农业作物或废弃物，如绿肥、作物秸秆、豆粕、棉籽粕、食用菌菌渣；三是畜禽粪便，如鸡鸭粪、猪粪、牛羊马粪、兔粪等；四是工业废弃物，如酒糟、醋糟、木薯渣、糖渣、糠醛渣发酵过滤物质；五是生活垃圾，如餐厨垃圾等。另外，河道、下水道淤泥也可作为生产有机肥的原料。

经过无害化处理以后，这些原料生产的商品有机肥都可用于农作物生产。但原料不同，其生产成本也不一样。改良种植有机农作物的土壤时，应选择以自然界有机物质、农作物或其废弃物以及畜禽粪便为原料制作的商品有机肥。

商品有机肥根据功能可分为很多种类，在补充有机质的基础上添加甲壳素、生物菌等不同的功能物质，可使商品有机肥的效果大大提升。较好的功能性有机肥，一是含有甲壳素的有机肥，二是含有生物菌的有机肥。

三、商品有机肥的施用

商品有机肥与粪肥同样能够改良土壤，但施用方法不一样。

（一）底肥要足量

商品有机肥已经过无害化处理，不会像粪肥那样产生烧根、熏苗的情况。因此，施用商品有机肥时要施用足够的数量。有机肥施用要适量，应根据土壤肥力、作物类型和目标产量确定合理的用量，一般用量为每亩 300～500 千克。有机肥养分含量低，在含有多种营养元素的同时还含有多种重金属元素，过量施用也会产生危害，主要表现为烧苗、土壤养分不平衡、重金属等有害物质积累、污染土壤和地下水等，也会影响农产品品质。

（二）穴施沟施要正确

有机肥料可以作追肥。有机肥肥效长、养分释放缓慢，一般应作基肥施用，结合深耕施入土层中，有利于改良和培肥土壤。穴施或沟施商品有机肥要与作物根系保持一定的距离。若有机肥沟施以后植株定植在有机肥的正上方，随着根系的下扎，根系遇到肥料集中的地方就会被烧坏，导致植株生长不正常。因此，当商品有机肥采取穴施或沟施等集中施用的方式时，应与根系保持一定的距离，比如在两行蔬菜的中间沟施，也可在两棵植株间穴施。

（三）有机无机合理搭配施用

有机肥与化肥之间以及有机肥各品种之间应合理搭配，才能充分发挥肥料的缓效与速效相结合的优点。有机肥中虽然养分含量较全，但含量低，而且肥效慢，与速效性的化肥配合施用，可以互为补充，使作物整个生育期有足够的养分供应，而不会产生前期营养供应不足或后期脱肥的现象。

第六章 秸秆还田防治土壤酸化

第一节 秸秆还田概述

一、什么是秸秆

秸秆是我国农林废弃物的代表之一。秸秆具有狭义和广义的概念。一般地，狭义概念即作物的茎秆；广义概念指在农业生产过程中，收获了作物主产品之后所有大田剩余的副产物以及主产品初加工过程产生的副产物的统称。秸秆是由大量的有机物和少量的无机物及水组成的，其有机物的主要成分是纤维素类的碳水化合物，此外还有少量的粗蛋白质和粗脂肪。碳水化合物又由纤维素类物质和可溶性糖类组成。纤维素类物质是植物细胞壁的主要成分，它包括纤维素、半纤维素和木质素等。

二、秸秆的分类

根据不同产出环节，可以将秸秆分为田间秸秆和加工副产物。田间秸秆是指作物主产品收获之后大田地上部分剩余的所有作物副产物，包括作物的茎和叶。加工副产物是指作物在粗加工过程中产生的剩余物，如玉米芯、稻壳、花生壳、棉籽壳、甘蔗渣、木薯渣等，但不包括麦麸、谷糠等其他精细加工的副产物。

根据作物种植的不同类型，可以将秸秆分为大田作物秸秆和园艺作物秸秆。大田作物秸秆主要来源于广泛的田间种植的粮食作物和谷物，这些作物通常是大面积种植，以生产人类食用的粮食或者动物饲料为主要目的。大田作物秸秆包括小麦秸秆、水稻秸秆、高粱秸秆、棉花秸秆、油菜秸秆、大豆秸秆、甘薯秸秆、芝麻秸秆、甘蔗秸秆、麻类秸秆、花生秸秆等。园艺作物秸秆则来源于蔬菜、水果、花卉等园艺作物的种植。这些作物通常在较小的田地或者特定的园艺设施中种植，主要用于食品、观赏或者其他非粮食用途。园艺作物秸秆包括蔬菜秸秆、水果秸秆、花卉秸秆、茶叶秸秆等。

三、秸秆还田对防治土壤酸化的作用

秸秆还田指作物收获后，剩余的茎、叶经过粉碎处理后被翻入土壤中，通过微生物的分解作用，腐熟发酵，最终转化为有机物质，供下一茬作物吸收利用。这种做法不仅可以提高资源利用效率、避免浪费，还能显著增强农田土壤的肥沃程度、改善土壤的酸碱度，进一步提升土壤的质量。

（一）秸秆还田能给土壤补充养分

秸秆中含有丰富的有机物和多种营养元素，如氮、磷、钾等，这些都是植物生长所必需的养分。当秸秆被还入土壤后，其中的有机物会在微生物的作用下逐渐分解，释放出养分。这一过程不仅能够提高土壤的肥力，还能通过产生的碱性物质中和土壤中的酸性物质，从而降低土壤的酸度。对于已经酸化的土壤，这种自然的养分补充方式尤为重要，因为它能够逐步恢复土壤的自然平衡，提高土壤 pH 值，使土壤更适宜作物生长。

（二）秸秆还田能促进微生物活动

土壤微生物在维持土壤健康方面扮演着关键角色。它们能够分解有机质，转化为植物可吸收的养分，并参与土壤结构的形成和维持。秸秆还田为这些微生物提供了丰富的食物来源和适宜的生存环境，从而促进了微生物的生长和繁殖。随着微生物活动的增强，秸秆的分解速度加快，释放出更多的养分和有机质，这些有机质在分解过程中产生的碱性物质有助于中和土壤酸度，改善土壤的酸碱状况。

（三）秸秆还田能减少化肥施用量

长期过量施用化肥会导致土壤酸化，影响土壤健康和作物生长。秸秆还田提供了一种自然的养分来源，可以部分替代化肥的施用。通过这种方式，农民可以减少对化肥的依赖，从而降低化肥对土壤的负面影响。减少化肥施用不仅有助于防治土壤酸化，还能减少农业生产成本，是一种经济和环保的农业实践。

（四）秸秆还田能改善土壤的结构性状

秸秆中的纤维素和木质素等有机物在土壤中分解后，能够促进土壤团聚体的形成，这些团聚体能够增加土壤的孔隙度，改善土壤的通气性和保水性。对于酸性土壤而言，这种改善尤为重要，因为酸性土壤往往结构紧密，通气性和保水性不佳。秸秆还田通过改善土壤的物理性质，使土壤更加疏松，有助于土壤中的空气和水分保持，从而为作物生长创造更好的条件。

（五）秸秆还田能增加土壤的抗蚀能力

酸性土壤由于结构紧密，往往容易发生水土流失。秸秆还田通过在土壤表面形成覆盖层，能够减少风蚀和水蚀的影响。同时，秸秆分解后增加的有机质能够提高土壤的黏着力，减少土壤颗粒的流失。这种抗蚀能力的提升有助于保持土壤的完整性，减少养分的流失，对于防治土壤酸化和维护土壤健康具有重要作用。

综合以上分析，秸秆还田在防治土壤酸化方面具有多方面的好处。它不仅能够补充土壤养分、促进微生物活动、减少化肥施用量、改善土壤结构性状，还能增加土壤的抗蚀能力。秸秆还田可以有效改善酸化土壤、提高农业生产效率、保护农业生态环境，实现农业的可持续发展。

第二节 秸秆直接还田

秸秆直接还田就是将秸秆直接或者粉碎到一定程度后直接放置于田间的一项实用技术，具有便捷、快速、成本低的优势。秸秆直接还田分为秸秆覆盖还田和秸秆翻埋还田。

一、秸秆覆盖还田

秸秆覆盖还田按秸秆形式又可分为碎秸秆覆盖还田和根茬覆盖还田。

（一）碎秸秆覆盖还田技术要点

1. 合理确定割茬高度

从免耕播种角度考虑，只要免耕播种机能够顺利通过，对割茬高度没有特殊要求。但是在冬、春季节风大容易把秸秆吹走的地方，可以考虑适当留高茬，以挡住秸秆，不被风吹走。

2. 注重秸秆粉碎质量

要正确选择拖拉机或联合收割机的前进速度，使玉米秸秆粉碎长度控制在 10 厘米左右，小麦或水稻秸秆粉碎长度在 5 厘米左右，长度合格的碎秸秆达到 90%以上。播种时过长的秸秆容易堵塞播种机以及架空种子，使种子不能接触土壤而影响出苗。若发现漏切或长秸秆过多，秸秆还田机应进行二次作业，确保秸秆还田质量。

3. 秸秆铺撒均匀

不能有的地方秸秆成堆、成条，有的地方又没有秸秆，起不到覆盖作用。多数秸秆还田机或联合收割机安装的切碎器都能均匀地抛撒秸秆。如果发现成堆或成条的秸秆，可以用人工撒开，必要时用圆盘耙作业使秸秆分布均匀。

4. 保证免耕播种质量

应根据秸秆覆盖状况，选择秸秆覆盖防堵性能适宜的少免耕播种机。如果秸秆覆盖量大，可选用驱动防堵型少免耕播种机。

（二）根茬覆盖还田技术要点

1. 合理确定根茬高度

根茬高度不仅关乎还田秸秆的数量，而且影响覆盖效果，即保水保土、保护环境的效果。根茬太低还田秸秆量不够，覆盖效果差；根茬太高则又可能影响播种质量，并使用于其他方面（如饲料、燃料）的秸秆不足。据报道，小麦 20～30 厘米、玉米 30～40 厘米高的根茬覆盖比较合适，能够控制大部分水土流失。

2. 保证免耕播种质量

在仅有小麦（莜麦、大豆）根茬覆盖情况下，少免耕播种质量相对容易保证。玉米根茬坚硬粗大，容易造成开沟器堵塞或拖堆，在这种情况下，可采用对行作业方式，错开玉米根茬，或者采用动力切茬型免耕播种机进行作业。

（三）秸秆覆盖还田注意事项

1. 注意防火

在作物收获后到完成播种前的长时间里，地面都有秸秆覆盖，有时秸秆可能相当干燥，很容易引起火灾。因此防火十分重要。禁止在田间用火、乱丢烟头，特别防范小孩在田间玩火。

2. 注意人身安全

秸秆还田机上有多组转速很高（每分钟 1 000多转）的刀片或锤片去切碎秸秆，如果刀片松动或者破碎甩出来，安全防护罩又不完整，就可能危及人身安全。因此操作者必须有合法的拖拉机驾驶资格，要认真阅读产品说明书，掌握秸秆还田机操作规程、使用特点后方可操作。

（1）作业前。要对地面及作物情况进行调查，平整地头的垄沟（避免万向节损坏），清除田间大石块（损坏刀片及伤人）；要检查秸秆还田机技术状态，刀片固定是否牢固，防护罩是否完整，可将动力装置与机具挂接，接合动力输出轴，慢速转动1~2分钟，检查刀片是否松动，是否有异常响声，与罩壳是否有剐蹭。调整秸秆还田机，保持机器左右水平和前后水平。

（2）作业中。①起步前，将秸秆还田机提升到一定的高度，一般15~20厘米，由慢到快转动。注意观察机组四周是否有人，确认无人时，发出起步信号。挂上工作挡，缓缓松开离合器，操纵拖拉机或小麦联合收割机调节手柄，使秸秆还田机在前进中逐步降到所要求的留茬高度，然后加足油门，开始正常作业。②及时清理缠草。清除缠草或排除故障必须停机进行，严禁拆除传动带防护罩。作业中有异常响声时，应停车检查，排除故障后方可继续作业，严禁在机具运转情况下检查机具。③作业时严禁带负荷转弯或倒退，严禁靠近或跟踪，以免抛出的杂物伤人。④转移地块时，必须停止刀轴旋转。

（3）作业后。及时清除刀片护罩内壁和侧板内壁上的泥土，以防加大负荷和加剧刀片磨损。刀片磨损必须更换时，要注意保持刀轴的平衡。个别更换时要尽量对称更换，大量更换时要将刀片按重量分级，同一重量的刀片才可装在同一根轴上，保持机具动平衡。

3. 注意协调秸秆还田与他用的关系

秸秆还田和离田并不对立。如果秸秆离田确有其他重要用途，可在田间保留适宜高度的根茬覆盖。

二、秸秆翻埋还田

秸秆翻埋还田按秸秆形式又可分为碎秸秆翻埋还田、整秸秆翻埋还田和根茬翻埋还田 3 种。

（一）碎秸秆翻埋还田技术

秸秆粉碎可以利用秸秆粉碎机或者安装有秸秆粉碎装置的联合收获机完成。不管采用哪种方式粉碎，都要保证秸秆粉碎质量，而且抛撒均匀。

1. 还田时间选择

在不影响粮食产量的情况下及时收获，趁作物秸秆青绿时及早还田，耕翻入土。此时作物秸秆中水分、糖分高，易于粉碎和腐解，可迅速变为有机质。若秸秆干枯时才还田，粉碎效果则较差，腐烂分解慢；秸秆在腐烂过程中与农作物争抢水分，不利于作物生长。

2. 割茬高度确定

秸秆还田机的留茬高度靠调整刀片（锤片）与地面的间隙来实现，留茬太高影响翻埋效果，留茬太低容易损毁刀片，一般保留 5~10 厘米。小麦联合收割机的割茬高度通过调整收割台高度来控制，割茬高度影响收割速度，有的机手为了进度快把麦茬留得很高，这是不符合要求的。留茬高度既要考虑收割速度，也要考虑翻埋质量，一般以 10~20 厘米为适。

3. 注重秸秆粉碎质量

机手要正确选择拖拉机或联合收割机的前进速度，使玉米秸秆粉碎长度在 10 厘米左右，小麦或水稻秸秆粉碎长度在 5 厘米左右，长度合格的碎秸秆达到 90%。若发现漏切或长秸秆过多，应进行二次秸秆粉碎作业，确保还田质量。

4. 秸秆铺撒均匀

不允许有的地方秸秆成堆成条，有的地方又没有秸秆。如果发现秸秆成堆或成条，应进行人工分撒，必要时还需要用圆盘耙作业把秸秆耙匀，以保证翻埋质量。

5. 保证翻埋质量

犁耕深度应在 22 厘米以上，耕深不够将造成秸秆覆盖不严，还要通过翻、压、盖，消除因秸秆造成的土壤“棚架”，以免影响播种质量。土壤翻耕后需要整地，使地表平整、土壤细碎，必要时还需进行镇压，达到播种要求。整地多用旋耕机、圆盘耙、镇压器等进行，深度一般为 10 厘米左右，过深时土壤中的秸秆翻出得较多，过浅时达不到平整和碎土效果。

6. 保证混埋质量

旋耕机混埋的作业深度应在 15 ~ 20 厘米，通过切、混、埋把秸秆进一步切碎并与土壤充分混合，埋入土中。旋耕一遍效果达不到要求、地表还有较多秸秆时，应二次旋耕。旋耕后一般可以直接播种，不需要再进行整地作业。

（二）整秸秆翻埋还田技术要点

1. 秸秆要顺垄铺放整齐

为了保证翻埋质量，玉米秸秆长度方向必须与犁耕方向一致，铺放均匀。

2. 提高翻埋质量

犁耕深度要在 30 厘米以上，通过翻、压、盖，把秸秆盖严盖实，消除因秸秆造成的土壤“棚架”。耕作太浅时，作物秸秆覆盖不严，影响播种质量。

3. 保证整地质量

土壤深耕后需要经过整地才能达到播种要求，整地多用旋耕机、圆盘耙、镇压器等进行，深度一般为 10 ~ 12 厘米，过深时土壤中的秸秆翻出得较多，过浅时达不到平整和碎土效果。为避免土壤中秸秆“棚架”，一般应采用“V”形镇压器等进行专门的镇压作业。

（三）根茬翻埋还田技术要点

1. 合理确定根茬高度

根茬还田往往用在需要以秸秆作为饲料、燃料和原料（简称“三料”）的地区，在这些地区，秸秆还田与其他用途经常出现矛盾，应协调好秸秆还田与其他用途的关系。饲料、燃料或原料是需要的，而且有直接经济效益。但是，应该认识到秸秆还田并不是可有可无的，而是必需的，农业要可持续发展，必须有一定数量的秸秆还田补充土壤有机质。根茬还田并不是一种理想的做法，而是一种协调的结果。有的地区，在进行秸秆作“三料”、根茬还回地里时，把根茬留得很低，甚至紧贴地表收割，结果根本起不到还田的作用。把一部分秸秆回到地里，短期看少了些用料，但从长远看，土地肥沃了、生态环境好了，产量更高，秸秆更多，用料才能更充裕。从还田的需要出发，一般秸秆留茬小麦不得低于 20 厘米、玉米不得低于 30 厘米。秸秆还田机和联合收割机控制根茬高度的方法与碎秸秆翻埋还田相同。

2. 保证翻埋质量

犁耕深度要在 22 厘米以上，通过翻、压、盖，把秸秆盖严盖实，消除因秸秆造成的土壤“棚架”。土壤翻耕后需要整地，使地表平整、土壤细碎，必要时还需进行镇压，达到播种要求。整地多用旋耕机、圆盘耙、镇压器等进行，深度一般为 10 厘米左右。

3. 保证混埋质量

旋耕机混埋的作业深度应在 15 厘米以上，通过切、混、翻转把秸秆与土壤充分混合，埋入土中。玉米根茬比较坚硬，有些地方先用缺口圆盘耙耙一遍，再进行旋耕，效果较好。旋耕后可以直接播种，一般不需要再整地。

(四) 秸秆翻埋还田注意事项

1. 秸秆还田是否多施氮肥的问题

秸秆腐解过程中要消耗氮素，然而腐解后又会释放氮素。因此，如果土壤较肥沃或已经施用氮肥，可不必再增施氮肥。但如果土壤比较贫瘠，在开始实施秸秆还田的头 1~2 年，增施适量氮肥，加快秸秆腐解，防止与后茬作物争肥的矛盾发生，还是比较有效的。

2. 旋耕混埋作业早进行

用旋耕混埋还田作业需要在播种前 1 周进行，使土壤有回实的时间，提高播种质量。水田区的水稻秸秆或小麦秸秆要用水泡田，将秸秆和土壤泡软，再进行混埋。

第三节　秸秆间接还田

秸秆间接还田技术主要包括秸秆堆沤还田和秸秆过腹还田。

一、秸秆堆沤还田

秸秆堆沤还田是农作物秸秆无害化处理和肥料化利用的重要途径。在传统农业生产中，秸秆堆沤和粪肥积造，尤其是两者的混合堆肥，是耕地肥料的主要来源，对种植业生产的发展起着至关重要的作用。在现代农业生产中，随着化肥的大量施用，秸秆堆沤还田逐渐被人们忽视，加之其他秸秆还田方式没有得到推广应用，导致土壤有机质减少、土壤肥力下降，严重制约着农作物产量和品质的提高。由于时代发展的要求，秸秆堆沤还田已经不是主要的还田方式，但其在高效有机肥和秸秆批量化处理方面仍将发挥重要作用。

（一）农作物秸秆自然发酵堆沤还田技术

1. 技术简介

这是我国农村普遍采用的一种方法，是中低产田改良土壤、培肥地力的一项重要措施。该技术直接把农作物秸秆堆放在地面上，与牲畜粪尿充分混匀后密封，使其自然发酵。这项技术最大的优点是简单方便，但是由于发酵温度较低，因此发酵时间较长，降解的效果也较差。若要缩短堆肥时间，可以采取添加发酵菌营养液和降解菌的措施。

秸秆等有机物的堆沤，根据含水量可分为两大类。一是沤肥还田。如果水分较多，物料在淹水（或污泥、污水）条件下发酵，就是沤肥的过程。沤肥是厌氧常温发酵，在全国各地尤其是南方较为普遍。秸秆沤肥制作简便，选址要求不严，田边地头、房前屋后均可沤制。但沤肥肥水流失、渗漏严重，在雨季更是如此，对水体和周边环境造成污染。同时，由于沤肥水分含量多，又比较污浊，用其作腐熟有机肥料使用较为不便。二是堆肥还田。把秸秆堆放在地表或坑池中，并保持适量的水分，经过一定时间的堆积发酵生成腐熟的有机肥料，该过程就是堆肥。秸秆堆沤，伴随着有机物的分解会释放大量的热量，沤堆温度升高，一般可达 60~70 ℃。秸秆腐熟矿化，释放出的营养成分可满足作物生长的需求。同时，高温将杀灭各种对作物生长有害的寄生虫卵、病原菌、害虫等。秸秆堆沤发酵也有利于降解、消除对作物有毒害作用的有机酸类、多酚类以及对植物生长有抑制作用的物质等，保障有机腐熟肥的使用安全。

2. 秸秆自然堆沤技术分类

（1）平地堆沤法和半坑式堆沤法。秸秆平地堆沤一般堆高 2 米、堆宽 3~4 米，堆长视材料的量而定。秸秆松散，通常 1 亩农田的秸秆体积在 10 米^3 左右，按堆高 2 米计，堆沤 1 亩农田的秸秆约占地 5 米^2，加上沤堆翻倒占地和操作场地，总占地约 10 米^2。秸秆平地堆沤时，在地面上先铺 15 厘米厚的混合材料，然后在其上用木棍放“井”字形通风沟，各交叉处立木棍，堆好封泥后拔去木棍，即成通气孔。堆肥高出坑沿 1 米为宜，如此一个坑基本上可堆沤 1 亩农田的秸秆。

普通堆肥的配料以玉米秸秆、牛马粪、人粪尿和细土为主，按 3∶1∶1∶5 的质量比例混合，逐层堆积。有机物料混合后，调节水分，使物料含水量达到 50%左右。堆后 1 个月翻倒 1 次，促使堆内外材料腐熟一致。

（2）坑埋式堆沤法。挖适宜深度的堆沤坑，将秸秆填到坑中，盖土自然腐熟。堆沤物与土壤充分接触，即使没有氮素养分和发酵活性微生物的添加，也有大量土壤微生物参与秸秆的分解过程。10 厘米厚的堆沤物覆盖一层土壤，如此夹层式堆积沤制，可以减少苍蝇和臭味的影响，即使在住宅附近也可以利用空地堆沤。坑埋式堆沤要注意雨季积水对堆沤物的影响。

（3）装袋堆沤腐熟法。该方法简单实用，将铡碎的秸秆装入适当大且结实的塑料袋中，束口码放即可。为更好地给微生物创造一个适宜的活动环境，夏季最好用黑色塑料袋，冬季最好用透明塑料袋。需要注意的是，装袋堆沤时应适当混入一些土壤，以增加腐熟过程中微生物参与活动的量，并有利于水分和臭味的调控。对于促进腐熟的添加物，可以选择适量的油渣、米糠以及硫酸铵等。例如，45 升的塑料袋中加 40 升的秸秆，可混合 2~3 千克土、200 克油渣和 50 克硫酸铵。装袋堆沤也要适当翻倒，并控制水分，以保证均匀腐熟。

（4）夹层式堆沤法。夹层式堆沤法又称三明治式堆沤法，堆沤前，要根据需要制备相应尺寸的堆沤筐。首先，在筐的底层铺放 20 厘米厚的碎秸秆（整秸秆铡成 10~20 厘米长度即可），洒水后踩实；然后铺撒一些畜禽粪便（如果是干粪，需要喷洒适量的水）、米糠、油渣、肥料等，再铺放一层碎秸秆……如此一层碎秸秆、一层畜禽粪便，形成夹层式堆积。最上层是畜禽粪便。堆满筐后，盖1~2厘米厚的土，再盖上压板，并用塑料布盖好防雨，压上镇石等重物，即完成夹层式堆沤的建造。

（5）“四合一”暖芯堆沤法。人粪尿、畜禽粪便、作物秸秆、土分别按10%、40%、30%、20%的比例混合拌匀，加足够水分，保证湿度达60%，即构成“四合一”湿粪。在空闲地上取干秸秆点燃，待火燃尽，立即用干畜粪和秸秆将火堆埋好，厚度约20厘米；然后把混合好的“四合一”堆沤料堆培其上，厚度约30厘米，要求暖堆不漏气、不跑热。待第一层堆沤料腐熟到外层时，再堆培第二层堆沤料……如此依次堆培，直到把所有的“四合一”堆沤料用完。最后培一层20厘米的湿土，以增加保温效果。在整个堆培过程中，一定要自然堆放，防止缺水。待热量传递到保温、保湿土层时，要及时翻堆，以防腐熟过度。腐熟好的堆肥呈黑绿色，有臭味。整个堆制过程需10~15天。此方法最适宜温室大棚堆培所需的有机肥。

（二）秸秆堆沤腐熟技术

堆沤是微生物分解有机物的过程，堆肥技术是集成远古时代的经验不断孕育发展而成的微生物管理技术，目的是最大限度地运用微生物的作用分解秸秆和畜禽粪便等有机物料，使其腐熟成为有机肥，以满足现代种植业生产的需要。秸秆堆肥的关键技术是确保微生物处于良好的生存环境，包括微生物生存所需要的营养物质、碳氮比、水分、空气等。

1. 秸秆堆沤腐熟过程

秸秆堆沤是一个有大量微生物参与活动的、复杂的生物化学过程。在秸秆堆沤过程中，直接相关的微生物主要是好氧性微生物和一部分厌氧性微生物。秸秆的基本成分是纤维素、半纤维素和木质素。秸秆各组成部分在结构上存在差异，参与分解的微生物种类及其作用在秸秆分解的各阶段皆有所不同。任何秸秆的堆沤腐解都可分为3个时期，即糖分解期（堆沤初期）、纤维素分解期（堆沤中期）、木质素分解期（堆沤后期）。因此，通过控制与调节秸秆分解过程中微生物活动所需要的条件，就可以控制秸秆分解过程。

（1）糖分解期（堆沤初期）。堆沤初期，好氧性微生物丝状菌和细菌快速繁殖，主要分解秸秆中的糖、淀粉、氨基酸和蛋白质等易分解物质。微生物的快速繁殖将不断产生并积累越来越多的热量。

（2）纤维素分解期（堆沤中期）。随着堆沤温度的升高，纤维素、半纤维素分解的纤维素分解期开始。堆沤温度一般达到60 ℃以上，放线菌等高温微生物开始分解半纤维素，大量消耗氧气，逐渐形成厌氧环境，进而纤维素厌氧分解替代半纤维素分解。半纤维素和纤维素分解达到高峰后，沤堆内的温度逐渐下降，木质素分解期开始。

（3）木质素分解期（堆沤后期）。木质素分解主要由担子菌作用。该阶段富含纤维素分解的中间产物，加之堆沤温度降低等，形成了有利于微生物繁殖的环境条件，使微生物种类趋于多样化，并产生跳虫、蚯蚓等小动物。

2. 秸秆堆沤腐熟的技术要点

（1）营养源及碳氮比的调控。秸秆堆沤需要人为调控，从而为微生物提供一个良好的生存环境。环境调控的关键是控制微生物营养源的碳氮比和含水量。在有机料堆沤过程中，微生物生长需要碳源，蛋白质合成需要氮源，而且对氮的需求量远远大于其他矿物营养成分。碳氮比过低，在有机物料分解过程中将产生大量的氨气，腐臭强烈，并导致氮元素损失，降低堆肥的肥效。初始碳氮比过高（高于 35∶1），氮素养分相对缺乏，细菌、丝状菌、放线菌和担子菌等微生物的繁殖活性受到抑制，有机物降解速度减慢，堆肥时间加长，同时也容易引起堆腐产物的碳氮比过高，作为有机肥施用可能导致土壤的“氮营养饥饿”，危害作物的生长。当碳氮比为（20~30）∶1 时，含水量 60%是堆沤最适宜的条件。

秸秆的碳氮比通常为（60~90）∶1。在秸秆堆沤时，应适当加入人畜粪尿等含氮量较高的有机物或适量的氮肥，把其碳氮比调节到适宜的范围内，以利于微生物繁殖和活动，缩短堆肥时间。添加畜禽粪便调节堆沤秸秆的碳氮比也是常采用的方法。畜禽粪便的碳氮比为（12~22）∶1。鸡粪、鸭粪的碳氮比较低，一般为（12~15）∶1；羊粪、猪粪一般为（16~18）∶1；马粪和牛粪的碳氮比较高，一般为（19~22）∶1。使用牲畜尿调节秸秆堆沤碳氮比，虽然尿中含有大量的氮和钾，但同时也含有较多的盐分，堆沤使用时需要加以考虑。为促进秸秆发酵进程，添加氮素把发酵物料的碳氮比调整为（20~30）∶1 最为适宜。

（2）水分和空气。适宜的含水量和空气条件对于秸秆的堆沤至关重要。含水量过高，形成厌氧环境，好氧菌繁殖受到抑制，容易产生堆腐臭和养分损失。含水量过低，会抑制微生物活性，使分解过程减慢。最适宜的含水量一般在 60%左右，用手使劲攥湿润过的秸秆，有湿润感但没有水滴出，基本可以确定为含水量适宜。

空气条件同样影响微生物活性。氧气不足，影响微生物对秸秆的氧化分解过程。良好的好氧环境能够维持微生物的呼吸，加快秸秆的堆沤腐熟过程。但如果沤堆的疏松通气性过大，容易引起水分蒸发，形成过度干燥条件，也会抑制微生物的活性。较为适宜的秸秆堆沤容积比为固体40%、气体30%、水分30%。最佳容重判定值应保持在500~700千克/米^{3}的范围内。

堆沤秸秆的粗细程度与空气条件有直接关系。铡切较短的秸秆，微生物作用的表面积增大，微生物繁殖速度和秸秆腐熟进度较快，秸秆熟化的均匀度较高。但堆沤秸秆铡切过短，不仅会增加加工成本，而且会因自身重量的作用减少物料间的空隙，沤堆中通透性恶化，导致好氧微生物的活性和数量降低，分解速度慢，产生堆腐臭。一般秸秆铡切长短以不小于5厘米较为适宜。

（3）温度。秸秆腐熟堆沤微生物活动需要的适宜温度为40~65 ℃。保持堆肥温度55~65 ℃ 1周左右，可促使高温微生物强烈分解有机物；然后维持堆肥温度40~50 ℃，以利于纤维素分解，促进氨化作用和养分的释放。在碳氮比、水分、空气和粒径等均处于适宜状态的情况下，依靠微生物的活动能够使堆沤中心温度保持在60 ℃左右，使秸秆快速熟化，并能高温灭杀堆沤物中的病原菌和杂草种子。

（4）pH值。大部分微生物适合在中性或微碱性（pH值为6~8）条件下活动。秸秆堆沤必要时要加入相当于其重量2%~3%的石灰或草木灰调节其pH值。加入石灰或草木灰还可破坏秸秆表面的蜡质层，加快腐熟进程。也可加入一些磷矿粉、钾钙肥和窑灰钾肥等，用于调节堆沤秸秆的pH值。

二、秸秆过腹还田

秸秆过腹还田是指将秸秆作为饲料，动物食用秸秆后排出的粪便用于还田的技术。过腹还田不仅提高了秸秆的利用效率，而且避免了秸秆直接还田的一些弊端，尤其是调整了施入农田有机质的碳氮比，有利于有机质在土壤中的转化和作物对土壤中有效态氮的吸收。秸秆过腹还田的方法主要有3种：直接饲喂、氨化后饲喂和微生物发酵处理后饲喂。

（一）直接饲喂

直接饲喂是最简单的秸秆利用方式，即将收获后的秸秆直接作为饲料喂养家畜。这种方法的优点在于操作简单、成本低廉，不需要额外的处理设施和化学添加剂。然而，秸秆的纤维素和木质素含量较高，导致其难以被动物直接消化吸收，因此直接饲喂的营养价值相对较低。

为了提高秸秆的消化率和营养价值，可以采取一些物理或化学的预处理方法，如切碎、磨碎、蒸煮或碱处理等。这些处理可以破坏秸秆的细胞结构，增加其表面积，从而提高动物的采食量和消化率。此外，还可以通过添加一些营养成分，如蛋白质、矿物质和维生素等，来改善秸秆饲料的营养价值。

（二）氨化后饲喂

氨化处理是一种常用的秸秆处理方法，其主要原理是利用氨水与秸秆中的纤维素、木质素发生化学反应，从而改变秸秆的结构，使其变得更加柔软和适口。氨化处理后的秸秆不仅易于被动物消化，而且能够吸收一定量的氨，为瘤胃动物提供额外的无机氮，有利于其生长和发育。

氨化处理的具体步骤包括：首先将切碎的秸秆填入干燥的壕、窖或地上垛压实，然后浇上氨水，保持一定的湿度和温度，进行一段时间的封闭发酵。氨化处理的时间一般为 2~4 周，具体时间取决于秸秆种类、切碎程度、氨水浓度以及环境条件等。

氨化处理后的秸秆需要进行适当的后处理，如通风、晾干等，以降低氨的残留量，确保动物的食用安全。此外，氨化处理也存在一些缺点，如氨的挥发可能导致环境污染、氨水的使用成本较高、处理过程中的操作风险等。

（三）微生物发酵处理后饲喂

微生物发酵处理是一种环保且高效的秸秆利用方法，其主要原理是在一定的温度和湿度条件下，接种特定的菌种，使秸秆进行厌氧或好氧发酵，从而提高其营养价值和消化率。微生物处理的方法多种多样，包括秸秆发酵、微贮、糖化等。

微生物发酵处理的优点如下。首先，它可以显著提高秸秆的营养价值，发酵过程产生的挥发性脂肪酸和氨基酸等物质，可以增加秸秆的风味和营养价值，从而提高动物的采食量和消化率。其次，微生物发酵处理可以改善秸秆的物理性质，使其变得更加柔软和易于消化。此外，微生物发酵处理不会产生环境污染，是一种绿色可持续的农业技术。

微生物发酵处理的具体步骤如下。首先，将秸秆切碎并调整到适宜的湿度，然后接种特定的菌种，如乳酸菌、酵母菌等。然后，将接种后的秸秆放置在密闭的容器中，如发酵罐、塑料袋等，进行一段时间的厌氧或好氧发酵。发酵的时间和条件取决于菌种的种类、秸秆的性质以及期望的发酵效果等。

发酵完成后，需要对秸秆进行适当的后处理，如通风、晾干等，以降低微生物的活性，确保动物的食用安全。此外，微生物发酵处理也需要一定的技术和设备支持，如菌种的选择和培养、发酵条件的控制等。

第七章 生物菌肥防治土壤酸化

第一节 生物菌肥概述

一、生物菌肥的概念

生物菌肥，又称微生物肥料或生物肥料，是指含有大量活性微生物的肥料。也可以说，生物菌肥是一种利用微生物的生物活性来改善土壤环境、促进植物生长和提高作物产量的肥料。

生物菌肥与化肥、有机肥并列，是我国具有严格产品质量标准、规范登记许可管理的三大类肥料之一。生物菌肥不同于化肥和有机肥，生物菌肥本身并不直接为作物提供养分，而是以微生物生命活动的产物来改善植物的营养条件，发挥土壤潜在肥力，刺激植物生长发育，抵抗病菌为害，从而提高农作物的产量和品质，与有机肥、化肥互为补充。

二、生物菌肥的特点

（一）无污染

生物菌肥主要由活性微生物及其代谢产物组成，不含化学合成物质，因此在施用过程中不会对土壤和环境造成污染。与化肥相比，生物菌肥的施用有助于减少化肥和农药的残留，保护土壤和水体免受化学物质的侵害，维护生态平衡和环境健康。

（二）无公害

生物菌肥的施用不仅对环境友好，而且对人体健康无害。生物菌肥不含有害化学物质，因此不会导致农产品中有毒有害物质的累积，确保了农产品的安全性和消费者的健康。同时，生物菌肥还能够提高作物的抗病性和抗逆性，减少作物病虫害的发生，降低农药的使用，从而减少农产品中农药残留的风险。

（三）低投入高产出

生物菌肥的成本相对较低，但其带来的经济效益却非常显著。生物菌肥能够提高肥料利用率，减少化肥的施用量，降低农业生产成本。同时，生物菌肥还能够提高作物的产量和品质，增加农民的经济收入。长期施用生物菌肥，可以显著提高土壤的自然肥力和作物的生产潜力，实现低投入高产出的农业生产模式。

三、生物菌肥对防治土壤酸化的作用

生物菌肥是一种含有活性微生物的肥料，它通过微生物的生物活性作用，对防治土壤酸化具有显著的效果。

（一）微生物代谢改善土壤酸碱度

生物菌肥中的微生物通过其代谢活动产生碱性物质，如碳酸盐等，这些物质能够与土壤中的酸性物质反应，提高土壤pH值，从而缓解土壤酸化。微生物的这种生物作用对于维持土壤酸碱平衡至关重要，有助于创造适宜作物生长的环境。

（二）促进土壤团粒结构的形成

生物菌肥中的微生物能够分泌胶体物质和黏性物质，这些物质有助于土壤颗粒的团聚，形成稳定的团粒结构。良好的团粒结构不仅能够提高土壤的通气性和保水性，还能减少水分蒸发，从而降低土壤酸化的速度。此外，团粒结构的形成还能增加土壤的孔隙度，有利于根系的生长和扩展。

（三）增加土壤有机质含量

生物菌肥中的微生物能够加速有机物料的分解和转化，增加土壤中的有机质含量。有机质是土壤肥力的重要指标，它能够提高土壤的缓冲能力，减少酸碱度的波动，对抗土壤酸化。有机质的增加还能提供作物生长所需的养分，减少化肥的施用，从而减轻化肥对土壤酸化的影响。

（四）对有害微生物有拮抗作用

生物菌肥中的有益微生物能够抑制或拮抗土壤中的有害微生物，减少病原体的数量，降低病害的发生。这种拮抗作用有助于维护土壤微生态平衡，促进土壤健康，间接对抗土壤酸化。健康的土壤微生物群落能够提高土壤的自然肥力，减少对化肥的依赖，从而降低土壤酸化的风险。

（五）微生物参与养分的转化和循环

生物菌肥中的微生物能够参与土壤中养分的转化和循环过程，如氮的固定、磷的溶解和钾的释放等。这些过程能够提高土壤养分的有效性，减少化肥的施用，从而减轻化肥对土壤酸化的影响。微生物的这种作用对于提高土壤肥力和作物产量具有重要意义，同时也有助于维持土壤的长期健康和生产力。

第二节　生物菌肥的施用技术

一、生物菌肥的施用条件

（一）对土壤的要求

保持土壤适宜的温、湿度条件，生物菌肥在土壤含水量 30%以上、土壤温度 10~40 ℃、pH 值 5.5~8.5 的土壤条件下均可施用。在土壤含水量小于 30%时要及时浇水，并及时中耕松土以保持土壤墒情、提高土壤温度。另外，土壤中应含有微生物繁殖所必需的碳源和养料，因为生物菌剂本身不含养分，生物有机肥只含有部分养分，所以要根据菌种组成、土壤养分及作物需肥特点配施适量化肥，使它能更好地发挥作用。

（二）对温度及水分的要求

在施用过程中，生物菌肥对环境温度的要求比较严格。为了保证微生物群体的活跃度，施用生物菌肥的最佳温度为 20～40 ℃。若温度低于 5 ℃或高于 45 ℃，微生物群则无法存活，生物菌肥的施用效果较差。另外，有些生物菌肥对土壤的水分还有要求。例如，施用固氮菌时，最好保持土壤的湿润，保证土壤含水量达 50%～70%。

二、生物菌肥的施用技术要点

（一）施肥次数

由于生物菌具有较强的生命力，生物菌肥一般肥效可达 150～180 天，一季蔬菜只施用 1 次即可满足其一生的生长发育需求。

（二）施肥方式

生物菌肥是一种活性菌，施用时必须埋于土壤中，不能撒施于地表，一般深施 7～10 厘米。生物菌对蔬菜的根系和种子不造成任何伤害，所以生物菌肥施用时应最大限度地靠近蔬菜根系，让其与蔬菜根系最大限度地接触，才能充分发挥生物菌肥的肥效。作种肥时，施于种子正下方 2～3 厘米处；作追肥时尽量靠近根系；叶面喷施时，应在下午 3 时后进行，并喷施于叶的背面，防止紫外线杀死菌种。

（三）按使用说明施用

无论是作拌种、基肥还是追肥施用，都应严格按照使用说明书的要求操作。根瘤菌肥适宜于中性或微碱性土壤，多用于拌种，用量 15~25 克/亩，加适量水混匀后拌种。拌种时及拌种后要防止阳光直射，播后立即覆土。剩余种子放在 20~25 ℃背光地方保存。若用农药消毒种子，要在拌种前 2~3 周拌药。固氮菌肥特别适合叶菜类。作基肥应与有机肥配施，施后立即覆土；作追肥用水调成稀泥浆状，施后立即覆土；作种肥加适量水混匀后与种子混拌，稍后即可播种。磷细菌肥拌种时随用随拌，不能和农药及生理酸性肥料同时施用。拌种量为 1 千克种子加菌肥 0.5 克和水 0.4 克；基肥用量 1.5~5.0 千克/亩，施后覆土；追肥宜在作物开花前施用。钾细菌肥作基肥与有机肥混施，用量 10~20 千克/亩，施后覆土；拌种时加适量水制成悬液喷在种子上拌匀；蘸根时 1 千克磷细菌肥加清水 5 千克，蘸后立即栽植。

（四）不同蔬菜应采用不同施用方法

茄果类、瓜菜类、甘蓝类等蔬菜，可用微生物菌剂 2 千克与一亩育苗床土混匀后播种育苗，也可用微生物菌剂 2 千克/亩与农家肥或化肥混合后作底肥或追肥；生物菌肥穴施，深度 10~15 厘米，施入 100 千克/亩，也可与有机肥、化肥配施，施用时避免与植株直接接触。在苗期、花期、果实膨大期适当追施氮肥和钾肥。芹菜、小白菜等叶菜类，可将复合生物菌肥与种子一起撒播，施后及时浇水。此外，在生产菌种过程中分离出来的上清液中含有生长素、赤霉素、抗生素等大量的微生物代谢产物，这些代谢产物对植物的生长、抗病能力均有显著的效果，所以除直接施用生物菌肥能促进瓜果、蔬菜类作物增产外，施用上清液制成的叶面肥也能促进瓜果、蔬菜类作物对养分的吸收利用，从而更充分地发挥肥料的作用。

三、使用生物菌肥的注意事项

一是避免开袋后长期不用。开袋后长期不用，其他菌就可能侵入袋内，使微生物菌群发生改变，影响其使用效果。因此，最好是现开袋现用，一次性用完。

二是避免在高温干旱条件下施用。在高温干旱条件下施用生物菌肥，它的生存和繁殖就会受到影响，不能发挥良好的作用。应选择阴天或晴天的傍晚施用这类肥料，并结合盖土、盖粪、浇水等措施，避免生物菌肥受阳光直射或因水分不足而难以发挥作用。

三是避免与未腐熟的农家肥混用。这类肥料与未腐熟的有机肥堆沤或混用，会因高温杀死微生物而影响生物菌肥肥效的发挥。同时，也要注意避免与过酸、过碱的肥料混合施用。

四是避免与强杀菌剂、种衣剂、化肥或复混肥混合后长期存放，应随混随用。化学农药都会不同程度地抑制微生物的生长和繁殖，甚至杀死微生物。若需要使用农药，也应将使用时间错开。需要注意的是，不能用拌过杀虫剂、杀菌剂的种子拌生物菌肥。

五是不要减少化肥或者农家肥的用量。大多数生物菌肥是依靠微生物来分解土壤中的有机质或者难溶性养分来提高土壤供肥能力，固氮菌的固氮能力也是有限，仅仅靠固氮微生物的作用来满足作物对氮的需求是远远不够的。要保证足够的化肥或者农家肥与生物菌肥相互补充，以使其发挥更好的效益。

六是注意营造适宜的土壤环境。土壤不能过酸或过碱，注意土壤的干湿度，积极通过农艺措施改良土壤，合理耕作，使得生物菌肥能够充分发挥其效果。

第三节　常见生物菌肥

目前关于生物菌肥分类研究常见的为两种，第一种方法是按照制品中特定微生物的种类来分，可分为细菌肥料、真菌肥料、放线菌肥料等，这种分类方法简单又容易理解，但很难从名称上熟悉其作用，因而不利于实际应用；第二种方法是按照生物菌肥的作用机制来分，可分为根瘤菌肥料、固氮菌肥料、抗生菌肥料、磷细菌肥料等，这种分法功能明确，便于推广，目前使用较为普及。

一、根瘤菌肥料

（一）根瘤菌肥料概述

根瘤菌肥料是指用于豆科作物接种，使豆科作物结瘤、固氮的接种剂。以根瘤菌为主，加入少量能促进结瘤、固氮作用的芽孢杆菌、假单胞细菌或其他有益的促生微生物的根瘤菌肥料，称为复合根瘤菌肥料。加入的促生微生物必须是对人畜及植物无害的菌种。目前我国应用根瘤菌肥料较广泛的作物主要有花生、大豆、苕子（救荒野豌豆）、紫云英等。

（二）根瘤菌肥料的施用方法

1. 拌种

根瘤菌肥料作种肥比追肥好，早施比晚施效果好，多用于拌种。根据使用说明，选择类型适宜的根瘤菌肥料，将其倒入内壁光洁的瓷盆或木盆内，加少量新鲜米汤或清水调成糊状，放入种子混匀，捞出后置于阴凉处，略风干后即可播种。最好当天拌种，当天种完，也可在播种前一天拌种。也可拌种盖肥，即把菌剂兑水后喷在肥土上作盖种肥用。

根瘤菌的施用量，因作物种类、种子大小、施用时期和菌肥质量而异，一般要求大粒种子每粒黏附10万个、小粒种子黏附1万个以上根瘤菌。质量合格的根瘤菌肥（每克菌剂含活菌数为1亿~3亿个），每亩施用量为1.0~1.5千克，加水0.5~1.5千克混匀拌种。为了使菌剂很好地黏附在种子上，可加入40%阿拉伯胶或5%羧甲基纤维素等黏稠剂。正确使用根瘤菌肥料可使豆科蔬菜增产10%~15%，在生茬和新垦的菜地上使用效果更好。

在种植花生时，使用花生根瘤菌肥料拌种，是一项提高花生产量的有效技术措施。根据田间试验测试结果，用根瘤菌肥料拌种的平均亩产282.5千克，未拌根瘤菌肥料的对照组亩产为241.0千克，平均每亩净增产41.5千克。

2. 种子球法

先将根瘤菌剂黏附在种子上，然后再包裹一层石灰，种子球化可防止菌株受到阳光照射、降低农药和肥料对预处理种子的不利影响。常用的包衣材料主要是石灰，还可以混入一些微量元素和植物包衣剂等。具体方法：将100克阿拉伯胶溶于225毫升热水中，冷却后将70克菌剂混拌在黏着剂中，包裹28千克大豆种子，然后加入3.4千克细石灰粉，迅速搅拌1~2分钟，即可播种。18 ℃以下可贮藏2~3周。

3. 土壤接种

颗粒接种剂配合磷肥、微量元素肥料同时使用，不与农药和氮肥同时混用，特别是不可与化学杀菌剂混施。为提高接种菌的结瘤率和固氮效率，研究表明，将拌种方式改为底施，特别是将菌剂施用在种子下方5~7厘米处，增产幅度超过拌种，有的较拌种增产2倍以上。

4. 苗期泼浇

播种时来不及拌菌或拌菌出苗20多天后没有结瘤的可补施

根瘤菌肥料，即将菌剂加入适量的稀粪水或清水，一般 1 千克菌剂加水 50~100 千克，苗期开沟浇到根部。补施根瘤菌肥料用量应比拌种用量大 4~5 倍。泼浇要尽量提早。

根瘤菌肥料供应不足的可用客土法。客土法是在豆科作物收割后取表土放入瓦盆内，下次播种时每亩用此客土 7.5 千克，加入适量的磷肥、钾肥拌匀后拌种。

（三）根瘤菌肥料的注意事项

（1）拌种时及拌种后要防止阳光直接照射根瘤菌肥料，播种后要立即覆土。

（2）根瘤菌是喜湿好气性微生物，适宜于中性至微碱性土壤（pH 值 6.7~7.5），应用于酸性土壤时，应加石灰调节土壤酸度。

（3）土壤板结、通气不良或干旱缺水，会使根瘤菌活性减弱或停止繁殖，从而影响根瘤菌肥料效果，应尽量创造适宜微生物活动的土壤环境，如良好的湿度、温度、通气条件等，以利于豆科作物和根瘤菌生长。根据试验结果，主根、侧根的感染菌的活性一般在接种后 10 天内最高，所以在这段时间内要求土壤含水量在田间持水量的 40%~80%，以利于根瘤菌侵染。

（4）应选与播种的豆科作物一致的根瘤菌肥料，如有品系要求更需对应，购买前一定要看清适宜作物。例如，大豆根瘤菌肥只能用于大豆，用于豌豆无效；反之亦同。

（5）可配合磷肥、钾肥、微量元素（钼、锌等）肥料同时使用，不要与农药、速效氮肥同时混用，特别是不可与化学杀菌剂混用。

前期要施用少量氮肥满足作物苗期氮肥需求，磷肥可施用磷酸二铵，过磷酸钙中的游离酸对根瘤有害，所以不宜将根瘤菌肥料与过磷酸钙拌种，同时配合施用钾肥。

菌剂配合钼肥拌种好于单施根瘤菌肥料或单施钼肥。钼酸铵每亩用量10~20克，加水后与根瘤菌剂及种子混合搅拌。

(6) 根瘤菌肥料的质量必须合格。除了检查外包装，还要检查是否疏松，如已结块、长霉的根瘤菌肥料不能使用。另外，还要检查是否有检验登记号、产品质量说明、出厂日期、合格证等。

(7) 根瘤菌肥料与其他菌肥的复合使用。根瘤菌剂与其他菌肥复合使用，可以提高肥效。根瘤菌肥料与磷细菌肥料、钾细菌肥料复合拌种的效果优于其他菌肥。研究结果表明，根瘤菌拌种比不拌种增产6.9%；根瘤菌与磷细菌混合拌种，比不拌种平均增产10.5%；而根瘤菌与磷细菌、钾细菌混合拌种比对照平均增产16.5%。

二、固氮菌肥料

(一) 固氮菌肥料概述

固氮菌肥料是指含有益的固氮菌，能在土壤和多种作物根际中固定空气中的氮气，供给作物氮素营养，又能分泌激素刺激作物生长的活体制品。是以能够自由生活的固氮微生物或与一些禾本科植物进行联合共生固氮的微生物作为菌种生产出来的。

按菌种及特性分为自生固氮菌肥料、共生固氮菌肥料和根际联合固氮菌；按剂型分为液体固氮菌肥料、固体固氮菌肥料和冻干固氮菌肥料。

(二) 固氮菌肥料的施用方法

固氮菌肥料适用于各种作物，特别是禾本科作物和蔬菜中的叶菜类，可作种肥、基肥和追肥。如与有机肥、磷肥、钾肥及微量元素肥料配合施用，能促进固氮菌的活性，固体菌剂每亩用量250~500克，液体菌剂每亩100毫克，冻干菌剂每亩500亿~

1 000亿活菌。合理施用固氮菌肥肥料，对作物有一定的增产效果，增产幅度在5%左右。土壤施用固氮菌肥料后，一般每年每亩可以固定1~3千克氮素。

1. 拌种

作种肥施用，在固氮菌肥料中加适量的水，倒入种子混拌，捞出阴干即可播种。随拌随播，随即覆土，避免阳光照射。

2. 蘸秧根

对蔬菜、甘薯等移栽作物，可采用蘸秧根的方法。

3. 基肥

可与有机肥配合施用，沟施或穴施，施后立即覆土。薯类作物施用固氮菌肥料时先将马铃薯块茎或甘薯幼苗用水喷湿，再均匀撒上固氮菌肥料与肥土的混合物，在其未完全干燥时就栽培。

4. 追肥

把固氮菌肥料用水调成糊状，施于作物根部，施后覆土，或与湿土混合均匀，堆放3~5天，加稀粪水拌和，开沟浇在作物根部后盖土。

(三) 固氮菌肥料的注意事项

(1) 固氮菌属中温性细菌，在25~30 ℃条件下生长得最好，温度低于10 ℃或高于40 ℃时生长受到抑制，因此，固氮菌肥料要保存于阴凉处，并要保持一定的湿度，严防暴晒。

(2) 固氮菌对土壤湿度要求较高，当土壤湿度为田间持水量的25%~40%时，固氮菌才开始繁殖，至60%时繁殖最旺盛，因此，施用固氮菌肥料时要注意土壤水分条件。

(3) 固氮菌对土壤酸性反应敏感，适宜的pH值为7.4~7.6，酸性土壤在施用固氮菌肥前应结合施用石灰调节土壤酸度，过酸、过碱的肥料或有杀菌作用的农药，都不宜与固氮菌肥混施，以免发生强烈的抑制作用。

(4) 固氮菌只有在碳水化合物丰富而又缺少化合态氮的环境中才能充分发挥固氮作用。土壤中碳氮比低于(40~70):1时,固氮作用迅速停止。土壤中适宜的碳氮比是固氮菌发展成优势菌种、固定氮素的最重要条件。因此,固氮菌最好施在富含有机质的土壤上,或与有机肥料配合施用。

(5) 应避免与速效氮肥同时施用。土壤中施用大量氮肥后,应隔10天左右再施固氮菌肥料,否则会降低固氮菌的固氮能力。但固氮菌剂与磷、钾及微量元素肥料配合施用,则能促进固氮菌的活性,特别是在贫瘠的土壤上。

(6) 固氮菌肥料多适用于禾本科作物和蔬菜中的叶菜类作物,有专用性的,也有通用性的,选购时一定要仔细阅读使用说明书。

(7) 固氮菌肥料用于拌种时勿置于阳光下,不能与杀菌剂、草木灰、速效氮肥等同时使用。

(8) 固氮菌肥料在水稻生长中使用需要注意,速效氮肥在一定时间内对水稻根际固氮活性有明显抑制效应,施肥量越大,抑制效应越严重。土壤速效氮含量与水稻根际固氮活性呈高度负相关。铵态氮对固氮活性的抑制时间,低氮区为20天左右,中氮区和高氮区为25~30天。因此,在使用时尽量避免与速效氮肥联合施用,最好在中、低肥力水平的土壤上应用。

(9) 在固氮菌肥料不足的地区,可自制菌肥。方法是选用肥沃土壤(菜园土或塘泥等)100千克、柴草灰1~2千克、过磷酸钙0.5千克、玉米粉2千克或细糠3千克拌和在一起,再加入厂制的固氮菌剂0.5千克作接种剂,加水使土堆湿润而不粘手,在25~30℃下培养繁殖,每天翻动1次并补加些温水,堆制3~5天,即得到简单方法制造的固氮菌肥料。自制菌肥用量每亩为10~20千克。

三、抗生菌肥料

（一）抗生菌肥料概述

抗生菌肥料是指用能分泌抗生素和刺激素的微生物制成的肥料制品。其菌种通常是拮抗性微生物——放线菌，我国应用多年的“5406”属于此类菌肥。“5406”菌种是细黄链霉菌。此类制品不仅有肥效作用而且能抑制一些作物的病害，刺激和调节作物生长。过去的生产方式主要是逐级扩大，以饼土（各种饼肥与土的混合物）接种菌种后堆制，通过孢子萌发和菌丝生长，转化饼土中的营养物质和产生抗生素、刺激素。发酵堆制后的成品可拌种，也可作基肥使用，在多种作物应用后均能收到较好的效果。但这种生产方式操作烦琐，产品质量难以控制，应用面积逐年下降。近年来，多采用工业发酵法生产，发酵液中含有多种刺激素，浸种、喷施于粮食作物、蔬菜、水果、花卉和名贵药材，均获得较好的增产效果，应用面积有所扩大。

（二）抗生菌肥料的施用方法

抗生菌肥料可用作拌种、浸种、浸根、蘸根、穴施、追施等。合理施用抗生菌肥料，能获得较好的增产效果，一般可使作物增产20%~30%。

1. 作种肥

用抗生菌肥料1.5千克左右，加入棉籽饼粉3~5千克、碎土50~100千克、钙镁磷肥5千克，充分拌匀后覆盖在种子上，保苗、增产效果显著。

2. 浸种、浸根或拌种

用0.5千克抗生菌肥料加水1.5~3.0千克，取其浸出液作浸种、浸根用。也可用水先喷湿种子，然后拌上抗生菌肥料。

3. 穴施

在作物移栽时每亩用抗生菌肥料10~25千克。

4. 追肥

作物定植后，在苗附近开沟施抗生菌肥料，覆土。

5. 叶面喷肥

用抗生菌肥料浸出液进行叶面喷施，主要适用于一些蔬菜作物和温室作物。施用量按产品说明书控制，用水浸出后进行叶面喷施，一般每亩喷施 30~60 千克浸出液。

（三）抗生菌肥料的注意事项

（1）掌握集中施、浅施的原则。

（2）抗生菌是好气性放线菌，良好的通气条件有利于其大量繁殖。因此，使用该类肥料时，土壤中的水分既不能缺少，又不可过多，控制水分是发挥抗生菌肥料肥效的重要条件。

（3）抗生菌适宜的土壤 pH 值为 6.5~8.5，酸性土壤上施用时应配合施用钙镁磷肥或石灰，以调节土壤酸度。

（4）抗生菌肥料可与杀虫剂或某些专性杀真菌药物等混用，但不能与杀菌剂混后拌种。

（5）抗生菌肥料施用时，一般要配合施用有机肥料、磷肥，忌与硫酸铵、硝酸铵、碳酸氢铵等化学氮肥混施，但可交替施用。

此外，抗生菌肥料还可以与根瘤菌肥料、固氮菌肥料、磷细菌肥料、钾细菌肥料等混施，一肥多菌，可以相互促进，提高肥效。

四、磷细菌肥料

（一）磷细菌肥料概述

磷细菌肥料是指能把土壤中难溶性的磷转化为作物能利用的有效磷，又能分泌激素刺激作物生长的活体微生物制品。这类微生物施入土壤后，在生长繁殖过程中会产生一些有机酸和酶类物质，能分解土壤中矿物态磷、被固定的磷酸铁、磷酸铝和磷酸钙等难溶性磷以及有机磷，使其在作物根际形成一个磷供应较为充分的微区域，从而增强土壤中磷的有效性，改善作物的磷素营养，为农作物的生长提供有效态磷元素，还能促进固氮菌和硝化细菌的活动，改善作物氮素营养。目前，对磷细菌肥料的解磷机理还不十分明确，对此类微生物施入土壤后的活动和消长动态以及解磷作用发挥的条件也不十分了解，加上菌剂质量不能保证，因而磷细菌肥料在生产应用时受到很大限制。

按菌种及肥料的作用特性，可将磷细菌肥料分为有机磷细菌肥料和无机磷细菌肥料。按剂型不同分为液体磷细菌肥料、固体粉状磷细菌肥料和颗粒状磷细菌肥料。目前应用最多的菌种有巨大芽孢杆菌、假单胞菌和无色杆菌等。

（二）磷细菌肥料的施用方法

磷细菌肥料可以用作种肥（浸种、拌种）、基肥和追肥，施用量以产品说明书为准。

1. 拌种

固体菌肥按每亩1.0~1.5千克，兑水2倍稀释成糊状，液体菌肥按每亩0.3~0.6千克，加水4倍稀释搅匀后，将菌液与种子拌匀，晾干后即可播种，防止阳光照射。也可先将种子喷湿，再拌上磷细菌肥料，随拌随播，播后覆土，若暂时不用，应于阴凉处覆盖保存。

2. 蘸秧根

水稻秧苗每亩用2~3千克的磷细菌肥料，加细土或河泥及少量草木灰，用水调成糊状，蘸根后移栽。处理水稻秧田除蘸根外，最好在秧田播种时也用磷细菌肥料。

3. 作基肥

每亩用2千克左右的磷细菌肥料，与堆肥或其他农家肥料拌匀后沟施或穴施，施后立即覆土。也可将肥料或肥液在作物苗期追施于作物根部。

4. 作追肥

在作物开花前施用为宜，肥液要施于根部。

(三) 磷细菌肥料的注意事项

(1) 磷细菌适宜生长的温度为30~37 ℃，适宜的pH值为7.0~7.5，应在土壤通气良好、水分适当、温度适宜（25~37 ℃），pH值6~8条件下施用。

(2) 磷细菌肥料在缺磷但有机质丰富的高肥力土壤上施用，或与农家肥、固氮菌肥料、抗生菌肥料配合施用效果更好；与磷矿粉合用效果较好。

(3) 如能结合堆肥使用，即在堆肥中先接入磷细菌料，可以发挥其分解作用，然后将堆肥翻入土壤，这样做效果较单施为好。

(4) 不同类型的解磷菌（互不拮抗）复合使用效果较好；在酸性土壤中施用，必须配合施用大量有机肥料和石灰。

(5) 磷细菌肥料不得与农药及生理酸性肥料（如硫酸铵）同时施用。

(6) 贮存时不能暴晒，应放于阴凉干燥处。

(7) 拌种时应使每粒种子都沾上菌肥，随用随拌，如暂时不播，应放在阴凉处覆盖好再用。

五、复合微生物肥料

(一) 复合微生物肥料概述

复合微生物肥料是指由特定微生物与营养物质复合而成的，能提供、保持或改善植物营养，提高农产品产量或改善农产品品质的活体微生物制品。主要类型有两类：一类是由两种或两种以上微生物组成的复合微生物肥料；另一类是由一种微生物与各种营养元素或添加物、增效剂组成的复合微生物肥料，如微生物-微量元素复合微生物肥料，联合固氮菌复合微生物肥料，固氮菌、根瘤菌、磷细菌和钾细菌复合微生物肥料，有机-无机复合微生物肥料，多菌株多营养复合微生物肥料等。复合微生物肥料具有营养全面、肥效持久、改善作物品质、降低硝酸盐及重金属含量、提高化肥利用率、减少环境污染、改善土壤结构等优点。

（二）复合微生物肥料的施用方法

适用于经济作物、大田作物、果树、蔬菜等。

1. 拌种

加入适量的清水将复合微生物肥料调成水糊状，将种子放入，充分搅拌。使每粒种子沾满肥粉，拌匀后放在阴凉干燥处阴干，然后播种。

2. 作基肥

每亩用复合微生物肥料 1~2 千克，与农家肥、化肥或细土混匀，沟施、穴施、撒施均可（不可在正午进行，避免阳光直射），随即翻耕入土以备播种。

3. 作追肥

沟施法，在作物种植行的一侧开沟，距植株茎基部 15 厘米，沟宽 10 厘米、沟深 10 厘米，每亩施复合微生物肥料约 2 千克。对于果园，幼树采取环状沟施，每棵用 200 克，成年树采取放射状沟施，每棵用 500~1 000克，可拌肥施，也可拌土施。

穴施法，在距离作物植株茎基部 15 厘米处挖一个深 10 厘米小穴，单施或与作追肥用的其他肥料混匀后施入穴中，覆土浇水。

灌根法，将复合微生物肥料加其质量 50 倍的水，搅匀后灌到作物茎基部，此法适用于移苗和定植后浇定根水。

冲施法，每亩使用复合微生物肥料 3~5 千克，再用适量水稀释后灌溉时随水冲施。

4. 蘸根

苗根不带营养土的秧苗移栽时，用适量清水将复合微生物肥料调成水糊状（每亩用 1~2 千克，兑水 3~4 倍），将秧苗放入，使其根部蘸上菌肥，然后移栽，覆土浇水。当苗根带营养土或营养钵移栽时，可以穴施复合微生物肥料，然后覆土浇水。

5. 拌苗床土

每平方米苗床土用复合微生物肥料 200~300 克，混匀后播种。

6. 园林盆栽

花卉、草坪，每千克盆土用复合微生物肥料 10~15 克追肥或作基肥。

7. 叶面喷施

在作物生长期内进行叶面追肥，按说明书要求的倍数稀释后，进行叶面喷施。

（三）复合微生物肥料的注意事项

（1）首先，要选择质量有保证的产品，如获得农业农村部登记的复合微生物菌肥。选购时要注意此产品是否经过严格的检测，并附有产品合格证。其次，要注意产品的有效期，产品中的有效微生物的数量随着保存时间的延长而逐步减少，若数量过少则会失效，养分也逐步减少，特别是氮素逐步减少。因此，最好选用当年的产品，距离生产日期越近，使用效果越佳，放弃霉变或超过保存期的产品。最后，避免阳光直射肥料，防止紫外线杀死肥料中的微生物，产品贮存环境温度以 15~28 ℃最佳。

（2）在底施复合微生物肥料前，要注意需要让土壤保持一定的湿度，以见干见湿的土壤湿度最好，这样有利于微生物菌的存活。另外，施用底肥的过程中需要复合微生物肥料与有机肥配合施用，足量的有机肥有利于有益菌的快速增殖。

(3) 冲施复合微生物肥料时最好是浇小水，使无机养分进入土壤后不易流失和固定，也防止土壤含水量过大影响微生物菌的呼吸，降低其存活数量，不利于肥效的发挥。

(4) 不能与杀菌剂、除草剂混用，并且前后必须间隔 7 天以上施用。

(5) 最好在雨后或灌溉后施用，肥料施用前要充分摇匀，现配现用。

(6) 保存时切忌进水，保存于阴凉干燥处，不宜直接在地面存放。

六、土壤酵母

(一) 土壤酵母概述

土壤酵母是最新研制的微生物肥，可以疏松土壤、提高土壤的透气性。菌株繁殖能产生大量抗生素，对作物多种病害产生抗性，从而有效地防治作物病害，起到增加产量、改善品质的作用。土壤酵母能有效防治玉米粗缩病、大叶斑病、小叶斑病、疮痂病、软腐病，防治苹果、葡萄上各种斑点落叶病、霜霉病、炭疽病，并可推迟落叶 9~12 天。

(二) 土壤酵母的施用方法

1. 拌种

可以使苗齐、苗壮、根系发达，预防病毒侵害，在作物整个生长期都受益。小麦、玉米、水稻、棉花等种皮不易划伤的种子拌种时，按 1 千克菌剂拌 20 千克种子的比例，将种子喷少许清水润湿种皮，再撒上菌剂，翻拌均匀、晾干，即可播种。花生、大豆、姜、马铃薯、山药等易划伤种皮的种子，可用1千克菌剂拌10~20千克细湿土，再与种子混拌，然后分离出种子播种。

2. 做蔬菜营养土

菌剂、湿土按1∶50的比例制作营养菌土；育苗时，用作苗床土或盖种土；移苗定植时，可作窝肥；播种时，用作盖种土。

3. 蘸根

移苗定植时，直接用菌剂蘸根定植。采用营养钵育苗的，将土坨底部蘸菌剂定植，可使苗根健壮、成活率高。扦插育苗时，菌剂、细土按1∶20的比例，加适量清水做成泥浆，将作为根部的部位蘸取泥浆后扦插，可促进切口处愈合，防止病菌从切口感染，促进生根，提高扦插成活率。

4. 用作基肥

与充分腐熟的畜禽粪便、作物秸秆、饼肥等有机肥以及土杂肥等混匀，作基肥施用，每亩用3~6千克。土传病害、地下虫害严重的地块，可以加大菌剂用量。

5. 用作果树追肥

结合果树追施有机肥，将菌剂拌有机肥施用。每亩用4~8千克，根据果树大小可适当增减用量。果树追施菌剂，树势旺盛，病害少，坐果率高，畸形果少，着色好，果实糖度和维生素含量提高，口感好，耐储藏。

（三）土壤酵母的注意事项

（1）在施用时增施饼肥、杂草、秸秆等，效果更好。

（2）勿与碳酸氢铵等碱性肥料混用。

（3）避免与杀菌剂混拌使用。

七、生物有机肥

（一）生物有机肥概述

生物有机肥是指以特定功能微生物与主要以动植物残体

(如畜禽粪便、农作物秸秆等)为来源，并经无害化处理、腐熟的有机物粒复合而成的一类兼具生物菌肥和有机肥效应的肥料。区别于仅利用自然发酵（腐熟）制成的有机肥料，其原料经过生物反应器连续高温腐熟，有害杂菌和害虫基本被杀灭，起到一定的净化作用。生物有机肥料的卫生标准明显高于传统农家肥，也不是单纯的菌肥，是二者有机的结合体，兼有微生物接种剂和传统有机肥的双重优势。除了含有较高的有机质，还含有具有特定功能的微生物（如固氮菌、磷细菌、解钾微生物菌群等)，具有增进土壤肥力，转化和协助作物吸收营养、活化土壤中难溶的化合物供作物吸收利用等作用，也可产生多种活性物质和抗（抑）病物质，对作物的生长具有良好的刺激和调控作用，可减少作物病虫害的发生，改善农产品品质，提高产量。

（二）生物有机肥的施用方法

生物有机肥既可作基肥，又可以拌种，还可作追肥。

1. 果树专用生物有机肥的施用

果树施肥应以基肥为主，最好的施肥时间为秋季。施肥量占全年施肥量的60%~70%，最好在果实采收后立即进行。果树专用生物有机肥的施用方式可以采用以下 3 种。

(1）条状沟施法。葡萄等藤蔓类果树，在距离果树 5 厘米处开沟施肥。

(2）环状沟施法。幼年果树，距树干 20~30 厘米，绕树干开一环状沟，施肥后覆土。

(3）放射状沟施。成年果树，距树干 30 厘米处，按果树根系伸展情况向四周开 4~5 个 50 厘米长的沟，施肥后覆土。

常用果树专用生物有机肥作基肥可按每产 50 千克果施入 2. 5~3. 0 千克。

注意事项：勿与杀菌剂混用；施肥后要及时浇水。

2. 蔬菜专用生物有机肥的施用

一般蔬菜定植前要施足基肥，并适当施些硼和钙等中微量元素肥料。施用方法如下。

（1）作基肥施用。每亩用量 40~80 千克（与土杂肥及其他有机肥混合施用）。

（2）沟施。移栽前将生物有机肥撒入沟内，移栽后覆土即可。每亩使用量 40~80 千克。

（3）穴施。移栽前将生物有机肥撒入孔穴中，移栽后覆土即可。每个孔穴 10~20 克，每亩施用量 40~80 千克。

（4）育苗。将生物有机肥与育苗基质（或育苗土）混合均匀即可。每立方米育苗基质施用量为 10~20 千克。

注意事项：不要与杀菌剂混合施用，于阴凉处存放，避免雨水浸淋。

3. 花卉专用生物有机肥的施用

观叶类的以氮素维持，观花果的以磷、钾维持，球根茎则多施钾肥，促地下部的生长。花卉专用生物有机肥的施用方法如下。

（1）基地花卉施用。每亩施用量为 100~150 千克，肥效可维持 300 天左右。可穴施、沟施、地面撒施及拌种施肥，施肥后覆盖 2~5 厘米，然后浇水加速肥料分解，便于花卉吸收。配方施肥可适当减少其他肥用量。

（2）盆景花卉施用。作追肥，盆口直径 20~30 厘米的盆用量 30~40 克，盆口直径 40~50 厘米的盆用量 50~100 克，将肥浅埋入土中浇水，每 3 个月追肥 1 次。作基肥，栽培花卉时将肥料与土壤混合施用或将肥料放入盆中部施用，肥土混合比例为 1∶5，一年不用追肥。

4. 粮油专用生物有机肥的施用

生物有机肥在粮油作物上一般采用拌种和基肥混施两种方法与化肥配合施用。拌种是将生物有机肥 4 千克与亩用种子混拌均匀，而化肥在深耕时作基肥施入。基肥混施是将 25 千克生物有机肥与亩用化肥混合均匀后，在播种/深耕时一次施入土壤，施肥深度在土表 15 厘米左右。同时必须看天、看地、看苗，提高施用技术水平，做到适墒施肥、适量施肥。

5. 甘蔗专用生物有机肥的施用

甘蔗基肥应以生物有机肥为主，配施氮、磷、钾肥。一般甘蔗高产田块，亩施生物有机肥 200～300 千克作基肥。施基肥时，先开种植沟，将生物有机肥施于沟底，沟两侧再施化肥。

甘蔗追肥分苗肥、分蘖肥、攻茎肥三个时期施用。生物有机肥冲施、灌根、喷施均可。生长前期（3 片真叶时）施苗肥，促苗壮苗，保全苗；生长中期（出现 5～6 片真叶时）施分蘖肥，促进分蘖，保证有效茎数量；生长后期（伸长初期）施攻茎肥，促进甘蔗发大根、长大叶、长大茎，确保优质高产。

6. 桑树专用生物有机肥的施用

桑树专用生物有机肥主要作基肥和追肥使用。

（1）作基肥。在桑树进入休眠期（11 月中下旬）进行，离树头（根部）40 厘米处开沟，每亩施 60 千克左右，覆土。

（2）作追肥。第一次追肥在春季，即采第一次桑叶后进行施肥，离树头 40 厘米处开沟，每亩施 30 千克左右，覆土。第二次追肥在第一次追肥后 30 天左右进行，离树头 40 厘米处开沟，每亩施 30 千克左右，覆土。

（三）生物有机肥的注意事项

（1）选用质量合格的生物有机肥。质量低下、有效活菌数达不到规定指标、杂菌含量高或已过有效期的产品不能施用。

(2) 不宜长期存放，宜现买现用。避免开袋后长期不用而进入杂菌，使肥料中的微生物菌群发生改变，影响其使用效果；生物有机肥贮存时放在阴凉处，避免阳光直接照射，亦不能让雨水浸淋。生产中不提倡农民自己存放，因环境的干湿不定影响肥料质量，且存放时间长，有效菌的休眠状态可能被破坏，使活菌数量大大降低，即使休眠不被破坏，存放时间久了，有效菌的活性也会大大降低，从而影响肥效。

(3) 施用时尽量避免造成肥料中微生物的死亡。应避免阳光直射生物有机肥，拌种时应在阴凉处操作，拌种后要及时播种，并立即覆土。

(4) 创造适宜的土壤环境。在底施生物有机肥前，不要忽略了其中的微生物菌，需要让土壤保持一定的湿度。土壤的湿度影响微生物菌的活性。大水漫灌或土壤干旱会使微生物菌“呼吸不畅”，进而影响其生存，尤其对好氧菌的影响会更大。底施生物有机肥前，以见干见湿的土壤湿度最好，这样有利于微生物菌的存活。土壤过分干燥时，应及时灌溉。大雨过后要及时排除田间积水，提高土壤的通透性。

此外，在酸性土壤中施用时应中和土壤酸度后再施。施用底肥的过程中可以将生物有机肥与功能微生物菌剂配合施用，这是因为生物有机肥中的有机质可为微生物菌提供充足的“粮食”，有利于有益菌的快速增殖。

(5) 因地制宜推广应用不同的生物有机肥。如含根瘤菌的生物有机肥应在豆科作物上广泛施用，含解磷、解钾类微生物的生物有机肥应施用于养分潜力较高的土壤。

(6) 避免在高温干旱条件下使用。生物有机肥中的微生物在高温干旱条件下，其生存和繁殖会受到影响，不能发挥良好的作用。因此，应选择阴天或晴天的傍晚施用，并结合盖土、盖粪、浇水等措施，避免微生物有机肥受阳光直射或因水分不足而难以发挥作用。

（7）避免与未腐熟的农家肥混用。与未腐熟的有机肥混用时，高温可杀死微生物，影响生物有机肥特有功效的发挥。

（8）不能与杀虫剂、杀菌剂、除草剂、含硫化肥、碱性化肥等混合施用，否则易杀灭有益微生物。

（9）在有机质含量较高的土壤上施用效果较好，在有机质含量少的瘦地上施用效果不佳。

（10）不能取代化肥。与化肥相辅相成，与化肥混合施用时应特别注意其混配性。

第八章 绿肥防治土壤酸化

第一节 绿肥概述

一、绿肥及其分类

绿肥是植物生长过程中所产生的全部或部分绿色体，可以被直接或间接翻压到土壤中作肥料。绿肥种类繁多。按栽培季节绿肥作物可分为冬季绿肥作物和夏季绿肥作物；按栽培年限绿肥作物可分为一年生或越年生绿肥作物、多年生绿肥作物及速生（短期）绿肥作物；按植物分类学绿肥作物可分为豆科绿肥作物和非豆科绿肥作物。其中，常见的豆科绿肥作物有苕子、紫云英、紫花苜蓿、箭筈豌豆、草木樨、柽麻、田菁等；非豆科绿肥作物有十字花科的肥田萝卜和油菜、禾本科的燕麦和黑麦草，以及菊科的串叶松香草等。按来源绿肥作物可分为栽培绿肥作物和野生绿肥作物；绿肥按生长环境可分为旱生绿肥作物和水生绿肥作物。

二、绿肥对改良酸化土壤的作用

绿肥作物在生长过程中能够固定大气中的氮气，将其转化为植物可吸收的氮源，同时还能提供其他养分，如磷、钾等。绿肥作物在成熟后通常被翻入土壤中，作为有机肥使用，对于改良酸化土壤具有重要作用。

（一）增加土壤有机质

绿肥作物在生长过程中积累了大量的有机物质，如纤维素、木质素和蛋白质等。当这些作物被翻入土壤后，其有机物质开始分解，逐渐转化为土壤中的有机质。这一过程不仅可提高土壤有机质含量，还促进土壤团聚体的形成，改善土壤结构，增加土壤的孔隙度和保水性。土壤有机质的提高有助于缓冲土壤酸碱度的变化，减少养分流失，从而提高土壤的保肥能力和作物的生长环境。

（二）提供氮素和其他养分

绿肥作物，特别是豆科作物，能够通过与根瘤固氮菌的共生作用固定大气中的氮气。这些被固定的氮在绿肥分解过程中逐渐转化为植物可吸收的铵态氮或硝态氮，可增加土壤中的氮含量。此外，绿肥作物生长和分解过程中还会释放出磷、钾等其他养分，有助于提高土壤肥力。这种生物固氮作用是绿肥改良酸化土壤的重要机制之一，能够减少化肥的施用，降低农业生产对环境的影响。

（三）改善土壤酸碱度

绿肥作物分解过程中产生的有机酸，如柠檬酸、苹果酸等，能够与土壤中的钙、镁等碱性矿物发生反应，生成可溶性的盐类。这些盐类能够中和土壤中的酸性物质，提高土壤 pH 值，从而改善土壤的酸碱状况。此外，绿肥作物中的石灰石颗粒和其他碱性物质也能够在分解过程中起到中和酸度的作用。通过这种方式，绿肥有助于创造更适宜作物生长的中性或微碱性土壤环境。

（四）提高土壤微生物活性

绿肥作物的有机物质为土壤微生物提供了丰富的食物来源和能量，可促进微生物的生长和繁殖。土壤微生物的活性增强有助于有机质的分解和养分的循环，同时也能产生一些有益的代谢产物，如植物生长促进物质和抗生素等，这些物质能够抑制有害微生物的生长，提高作物的抗病能力。土壤微生物的多样性和活性对于维持土壤健康和提高土壤肥力至关重要。

（五）减少土壤侵蚀

绿肥作物的根系能够在土壤中形成网络状结构，增强土壤的团聚性和抗侵蚀能力。绿肥作物覆盖在土壤表面，能够减少雨水对土壤的直接冲击，降低水土流失的风险。此外，绿肥作物还能够吸收和固定土壤中的养分，减少养分流失，从而保护土壤免受酸化和其他形式退化的影响。

（六）促进土壤结构改良

绿肥作物的根系在土壤中穿插和扩张，形成了许多微小的孔隙。这些孔隙不仅有助于土壤水分和空气的保持，还为根系的生长提供良好的条件。当绿肥作物被翻入土壤后，这些孔隙得以保留，有助于改善土壤的通气性和渗透性。土壤结构的改良有助于提高土壤的保水保肥能力，同时也为作物根系的生长和扩展提供良好的环境。

第二节　绿肥种植技术

一、紫云英

紫云英又名“红花草”“莲花草”“燕子花”，是豆科黄芪属一年生或越年生草本植物。紫云英原产于我国，早在明清时期就有种植。紫云英具有耐湿、耐迟播、生育期短、产量高、草质好、花期长等特点，不仅是主要的冬季绿肥作物，也是重要的饲料和蜜源作物。紫云英养分丰富，特别是氮元素含量较高，是肥饲兼用的优良绿肥品种。

紫云英喜湿润、怕渍水、较耐阴、不耐盐碱、耐瘠性较差，在含水量为 24%～28%、pH 值为 5.5～7.5 的较肥沃壤土上生长良好。紫云英有 130 多个品种，生育期长短不一，因花期类型和气温而异。

紫云英以秋播为主，北方可春播，要适时早播、匀播。播种期因气候、地区、茬口安排而异。在陕西、河南、苏北、皖北地区，秋播在 8 月中旬至 9 月中上旬进行；在长江中下游地区，秋播时间为白露至秋分前，迟播的在 11 月上旬；两广地区的秋播时间为 10 月中旬至 11 月上旬，春播在日平均气温升到 5 ℃以上时进行。单播的播种量为 1.5～4.0 千克/亩，迟播的播种量稍大，肥水条件好的地块播种量适当减少，混播的播种量为单播的 60%，留种田要适当疏播。在长江流域及南方地区，利用稻底播种，收获水稻时留 30 厘米以上禾茬，种子利用水稻作荫蔽，吸水萌发，可延长生长期，提高产量。在双季稻地区，也可采取耕田迟播方法，即收晚稻后再犁田播紫云英，注意加盖稻草保湿，或与小麦、油菜、蚕豆等混播，这样可提高水稻产量，解决紫云英立苗困难、生长不良等问题，也有利于改善土壤理化性状。紫云英种子蜡质多，播前要用沙子擦种，以利于种子的萌发；在新植区须拌根瘤菌，在基肥中增施磷、钾肥。

水分是紫云英增产的关键因素，要开好排水沟，做到湿田发芽、润田出叶、渍水浸芽，避免连作，以减轻病虫害。留种田最好连片种植，宜选择排灌方便、肥力中等以上的田块。有条件的地方，可选旱地留种。注意防治菌核病、白粉病、轮纹斑病和蚜虫、蓟马、潜叶蝇、地老虎等。

紫云英种子播后半个月，根瘤变成粉红色，则说明其具有固氮能力。返青后紫云英固氮能力急速增加，一直到初花期，之后呈下降趋势。因此，紫云英盛花期含氮量最高，是翻沤的最佳时期，一般在插秧前 20 天左右翻压，压青量为 1 000～1 500 千克/亩。对于生长较好的紫云英，可在枝茎叶伸长期收割一次青草作饲料，收割高度以离地面 3～4 厘米为宜，收割后花期和成熟期一般推迟 5 天左右，因此宜选用早发性好、再生力强的品种。紫云英与禾本科植物秸秆和化肥配合施用，有利于积累土壤有机质、提高化肥利用率。

二、箭筈豌豆

箭筈豌豆又名“大巢菜”“野豌豆”，是豆科巢菜属一年生或越年生草本植物。箭筈豌豆原产于欧洲及西亚，栽培历史悠久。因其适应性强，箭筈豌豆广泛分布于世界温暖地区，在南北纬 30°～40°分布较多。

箭筈豌豆和苕子同属，但箭筈豌豆鲜草中氮、磷、钾及各种中量元素和微量元素含量均比苕子高，干物质中养分含量比紫云英稍低。箭筈豌豆具有迟播丰收、宜割性好等特点，是粮肥多用的绿肥品种。箭筈豌豆在北方除作绿肥外，还可以收草作饲料或收种子。种子可加工成豆制品。箭筈豌豆白色种皮的种子可供食用，其他色型的种子含氰氢酸，必须经过处理，使其含量达到国家安全标准才可食用，否则对人畜有害。去毒的办法有浸泡稀释法和加热煮熟法，浸泡时间根据水和种子的比例而不同，一般为 6～72 小时。

箭筈豌豆喜凉、抗冰雹、耐寒、耐贫瘠、不耐湿、不耐盐渍。种子发芽最低温度为 4 ℃，最适温度为 20～25 ℃，日均温度大于 25 ℃时生长受抑制；能耐受短暂霜冻，在−8～−7 ℃时开始枯萎，适宜在 pH 值为 6.5～8.5 的土壤上种植。

箭筈豌豆具有陆续开花结荚的特点。开花适宜温度因品种而异，一般为15~17 ℃。花后3天左右结荚，结荚到成熟需28~40天，结荚率高达75%，以单荚为主。

按生育期箭筈豌豆可分为早熟型、中熟型和晚熟型。在长江以南地区，多选用早熟型、中熟型品种；在淮河流域、皖北、苏北地区，多推广耐寒的品种；北方及西北一带因复种指数低，一般推广生育期稍长、耐旱、耐寒、耐阴的品种。

箭筈豌豆耐寒、喜凉，适宜于在年平均气温6~22 ℃的地区种植。其播种期较长，南方多在秋、冬季播种，北方多在夏季播种，长江中下游地区秋播一般在9月下旬至10月上旬，靠南的地区可适当延长至11月上旬；江淮一带春播在2月下旬至3月初；北方地区春播通常在3月初至4月上旬。留种用的箭筈豌豆播种量为1.5~2.0千克/亩，收草、作绿肥用的箭筈豌豆播种量为3~6千克/亩。箭筈豌豆可以单播，也可以与主作物间播、套播、混播。箭筈豌豆在平原地区多作短期绿肥，在荒地与其他作物以水平带状间作、套作。在南方稻区多与中、晚稻套种或收稻后翻田迟播。播种时最好先整地，注意防旱、防渍、增施磷肥。箭筈豌豆在旱地留种比在水田留种好，要注意设立高秆作物，以利于其攀缘结荚，当有80%~85%种子变黄时即可收获。箭筈豌豆的病虫害较少，常见的虫害有蚜虫。

箭筈豌豆根瘤多且结瘤早，在2~3片真叶时就能形成根瘤，苗期就具有固氮能力。固氮高峰期因播期不同而异，秋播的在返青期，春播的在伸长期。箭筈豌豆花蕾期的固氮能力明显下降，花期的根瘤自然衰老，肥用最佳时期为花期至青荚期。箭筈豌豆播后70多天每亩可收鲜草400~600千克，整个生育期每亩可收鲜草1 000~2 000千克、种子30~80千克。箭筈豌豆具有迟播丰收的特点，便于多熟制地区作物茬口的安排，也是干旱地区有价值的肥饲兼用绿肥作物。

三、田菁

田菁又称“涝豆”“花香”“柴籽”“青籽”，为豆科田菁属一年生或多年生草本植物。田菁原产于印度一带，广泛分布在东半球的热带、亚热带地区。田菁属植物有 50 多种，我国栽培较多的是普通田菁。田菁株型高大，不适合作稻田绿肥种植，目前主要用于改良盐碱地和兼作工业原料，主要分布在河南、山东、江苏、河北等地区。

田菁具有固氮能力强、生育期短、产量高、耐盐碱、耐涝渍等特点。田菁的鲜草折干率高，鲜草含干物质将近 30%。田菁干草中养分含量不高，但鲜草含氮量较高。

田菁喜高温、喜湿、喜光、耐旱。种子发芽的适宜温度为 15~25 ℃，温度低于 12 ℃时不发芽，20~30 ℃时生长速度最快，种子发芽吸水量是种子重量的 1.2~1.5 倍；田菁苗期不耐旱、不耐涝，随着根系伸长，三叶期时，根茎外产生海绵组织并长出水生根，使其有较好的抗旱耐涝能力。田菁适宜在 pH 值为 5.5~7.5、含盐量小于 0.5%的土壤上种植。

田菁按其生育期可分为早熟型、中熟型、晚熟型。早熟型植株矮小、紧凑，在华南地区生育期为 100 天左右；中熟型田菁分布于西南地区，生育期为 130 天左右；晚熟型植株高大，株高 2~3 米，分枝多，生育期在 150 天以上，产量也随生育期的增加而增加，少则 1 000~2 000千克/亩，多则可达 4 000千克/亩，种子产量也随之增加。

根据田菁的用途可确定其播种期和播种量。若作留种用，多为春播，一般在 4 月中下旬播种，争取早播早出苗，增加种子产量；作绿肥用时播种期在 6 月中旬。留种用时每亩播种量为 2 千克，作绿肥用时播种量要多一些。田菁主要有以下几种种植方式：田菁可作为改良盐碱土壤的先锋作物，如在江苏沿海地区，春季在田间播种田菁，建立地面植被覆盖，抑制返盐，再确保田菁全苗，入秋后采用浅耕、免耕、混播冬绿肥，经过二旱一水的绿肥种植，再过渡到粮、棉、绿肥间作、套作耕作制，起到改良盐碱地的作用；利用夏闲地、荒地、沟渠路边种植田菁，作为秋播作物的基肥，如四川的稻—田菁—麦（油菜）和麦—田菁—稻耕作制，或秋季在冬水田增种田菁；在主作物当季或两季作物的空隙进行间作、套作或移栽田菁，作为共生粮食作物如玉米、水稻等的追肥或后季作物的基肥。

田菁种子含蜡质，种皮厚，不易吸水，播前必须对种子进行处理。可用开水 2 份、凉水 1 份混合后浸种 3 小时，或用 60 ℃的热水浸泡种子 20 分钟，然后用凉水浸泡 24 小时，在草包中催芽，待种子露白后播种；或在播种前晒种，并将种子拌入少量谷壳、河沙，放入碓窝内捣 15 分钟，用凉水浸 4~8 小时，再用泥浆拌磷、钾肥裹种。田菁的耐盐能力有限，在盐碱地上种植田菁，特别是苗期，仍然要注意合理灌水、开沟，以减轻盐害，获得全苗。田菁属于无限花序植物，种子成熟期不一致，采用打顶和打边心的措施，可控制植株养分分布，使养分相对集中，种子成熟趋于一致。

蚜虫是为害田菁的主要害虫之一，一年可发生几代，在干旱的气候条件下虫害较严重；在南方田菁易受斜纹夜蛾为害；卷叶虫害多发生在花期或生育后期；在南方 7—8 月易感染疮痂病，应及时防治。寄生于田菁的有害植物菟丝子，严重发生时影响田菁生长，一旦发现，应及时将被害植株整株剔除，以防菟丝子蔓延。

田菁的宜割性好，再生能力强，春播的一年可收割 2~3 次，第一次在 6 月底，第二次在 8 月。收割时留茬高度以 0. 3~0. 5 米为宜，收割后薄施追肥有利于再发新枝。田菁根量大，在田菁旺长期，耕层土壤水解氮含量比不种田菁的增加25%，可见田菁对改善土壤理化性状、保持和提高土壤肥力均有明显效果。田菁纤维含量较其他豆科作物多，碳氮比也较高，但仍然较易分解，翻压后1个月左右氮出现第一个释放高峰，若作小麦基肥，冬前可减少氮肥用量。在小麦拔节期需合理施用适量氮肥，才能满足小麦后期需要。有资料显示，第一茬小麦对田菁的氮利用率为26%，第二茬小麦对氮的利用率为8.8%，余下的氮多数残留于土壤中，对保持土壤肥力有较好的作用。

田菁枝叶繁茂、覆盖度大，可减少地表水分蒸发；在盐碱地种植的田菁根系发达，可疏松土壤，也有利于盐分的淋溶。田菁棵间蒸发量仅为空旷地的31%，棵间土壤渗透系数为空旷地的1.7倍。在种植田菁后，10～20厘米土层中的盐分含量下降10%～15%。

四、苕子

“苕子”是豆科巢菜属多种苕子的总称，为一年生或越年生草本植物，其栽培面积仅次于紫云英和草木樨。苕子植株中比紫云英含有更多的磷和钾。苕子的枝叶柔嫩，营养丰富，嫩苗可作蔬菜食用，茎叶可作青饲料，茎叶晒干粉碎后可作干贮饲料。

苕子种类较多，主要有三大类：蓝花苕子、毛叶苕子、光叶苕子，各类苕子在特征、特性、产量上有较大差异。

蓝花苕子，又名“蓝花草”“草藤”“肥田草”“苦豆”，原产于我国，主要分布在长江以南雨量充沛的西南、华南一带。蓝花苕子具有耐温、耐湿、抗病性强、生育期短、产量稳定等特点，鲜草产量为1 800千克/亩左右。

毛叶苕子，又名“毛叶紫花苕”“茸毛苕”“毛茸菜”“假扁豆”。毛叶苕子具有耐寒、耐瘠、再生能力强、鲜草产量较高等特点，主要分布在黄河、淮河流域，可分为早熟种、中熟种、晚熟种，鲜草产量为3 000千克/亩左右。

光叶苕子，又名“光叶紫花苕子”“稀毛苕子”“野豌豆”。光叶苕子具有根系发达、分枝多等特点，但抗逆性较差，一般应用较多的是一些早熟品种。光叶苕子在云南、贵州、四川及鲁南山区栽培较多，鲜草产量为2 000千克/亩左右。

苕子是冬性作物，喜温、耐湿，有一定耐寒、耐旱能力。种子发芽的最适温度为20 ℃，生长的适宜温度为10~17 ℃，15~23 ℃的条件有利于开花结荚。苕子花多、荚少，落花、落荚的情况严重，成荚数只有开花数的10%左右，尤以光叶苕子的成荚率最低。毛叶苕子和光叶苕子可在pH值4.5~9.0的土壤上生长，适宜生长的pH值为5.0~8.5。蓝花苕子对土壤的适应性较光叶苕子差。光叶苕子较耐旱，但当土壤含水量低于10%时，会出现出苗困难现象，含水量为20%~30%时生长较好，含水量大于35%时会引起渍害。蓝花苕子的耐湿性高于毛叶苕子，土壤含水量占田间持水量的60%~70%时生长良好，土壤含水量大于80%时会产生渍害。

苕子可单种也可混播，旱地留种播种量为1.5~2.0千克/亩，水田播种量为3千克/亩左右；作绿肥用的苕子，播种量适当加大，一般为5千克/亩；南方秋播的播种量宜少，北方春播的播种量适当加大。在长江流域以南播种期为10月上旬，南方地区可在11月上旬播种，黄淮海一带宜在8月中旬至9月上旬播种，陕西一带在7月下旬至8月中旬播种，西北地区春播在4—5月。播种时要拌根瘤菌并施磷肥，苕子与蚕豆、豌豆同属，种过蚕豆、豌豆的田块可不用拌根瘤菌。

苕子的耐酸性、耐盐碱性、耐旱性、耐瘠性稍强于紫云英，耐湿性比紫云英弱。在开花结荚期，必须有干燥天气苕子才能正常结籽。苕子的生育期比紫云英长，成熟晚，春播往往不能结籽。苕子喜湿怕渍，花期多遇阴雨天气，因此落花、落荚严重，种子产量低而不稳定。留种田块宜选地势较高、排灌条件较好的田地。注意适时早播、稀播，设立支架作物，避免连作，以减少病虫害；还要防治叶斑病、轮纹斑病、白粉病及蚜虫、潜叶蝇、蓟马、苕蛆等病虫害。

秋播苕子草、种子产量比春播苕子高，其茎叶产量与根产量之比为3.5：1左右，若以鲜草产量为2 000千克/亩计，每亩苕子残留在土壤中的鲜根量约为550千克。苕子在生长期间有向土壤中溢氮的现象。在苕子根茬地种植作物有明显的增产效果。

苕子花期的肥饲价值较高，是收获的最佳时期。苕子用作稻田绿肥时，一般在水稻插秧前20天左右压青，每亩压青量为1 000~2 000千克。苕子植株的碳氮比低，易分解，不少地方将苕子与小麦或其他禾本科绿肥混播，或在稻田中留高禾茬播种，用于调节碳氮比，以利于土壤中有机质的积累。

五、紫花苜蓿

紫花苜蓿又名“苜蓿”“牧蓿”，为多年生豆科植物。紫花苜蓿是古老的牧草绿肥作物，有“牧草之王”的美誉，原产于中亚细亚高原干燥地区。我国是世界上种植紫花苜蓿较早的国家之一，汉朝使节张骞出使西域归国时将紫花苜蓿种子带回我国，种于长安。以后紫花苜蓿普及黄河流域以及西北、华北、东北等较干燥的地方，在淮河以南地区有零星分布。

紫花苜蓿生长年限为10~20年，初产期在播种后的2~4年，盛产期可达6~7年。紫花苜蓿在盛产期的鲜草产量为3 000~6 500千克/亩，种子产量约为50千克/亩，是有重要价值的牧草绿肥作物。

紫花苜蓿鲜草、干草可作为牧草、饲草。紫花苜蓿花期长，是我国主要的蜜源植物之一。紫花苜蓿对一些以土为传播媒介的病菌有抑制作用，如棉花枯萎病菌一般在土壤中能存活几十年，但只要连续 3 年种植紫花苜蓿后再倒茬种棉花，就可以大大降低枯萎病的发病率。

紫花苜蓿喜温、抗寒、耐旱、不耐渍，种子发芽的温度不能低于 5 ℃。幼苗能耐-6 ℃的低温，植株能耐-30 ℃的低温。紫花苜蓿耗水量大，且根系发达，可以从土壤深层吸取水分，因此，紫花苜蓿具有很强的抗旱能力，可在年降水量为 200～300 毫米的地区生长。紫花苜蓿的适宜年降水量为 650～900 毫米，雨水过大会造成生长不良。紫花苜蓿对土壤条件要求不严格，在含盐量 0.3%以下、pH 值为 6.5～8.0 的钙质土壤中能很好地生长。

紫花苜蓿种子在播种前需进行碾磨，使种皮破裂，以利于吸水。紫花苜蓿的播种期较宽，各地时间不一，但有几点需要注意：春季播种时要注意防旱；夏季播种时要防止杂草对紫花苜蓿产生影响；秋季播种时宜早不宜迟，保证出苗整齐，使株高为 10～15 厘米，则可以安全过冬。紫花苜蓿种子成苗率只有 50%左右，播种量点播时为 0.25 千克/亩，条播时为 0.75 千克/亩，撒播时要增加到 1 千克/亩。紫花苜蓿苗期生长缓慢，最好与其他作物间播、套播、混播，利用前作荫蔽条件度过苗期。在播种前接种根瘤菌、拌施钼肥，有利于紫花苜蓿根系结瘤，施用磷肥可使其增产效果持续 2～3 年。草质好、产量高的初花期是紫花苜蓿收割的最佳时期，收割时间宜早不宜迟，要保证紫花苜蓿在越冬前生长到 10 厘米以上。

紫花苜蓿作为绿肥压青时产量一般为 500～750 千克/亩，产量高的地块还可以收割一部分茎叶用于异地还田或作为饲料。

紫花苜蓿的根系发达，可以显著改善土壤的物理性状，播种当年每亩鲜根产量可达 150 千克，3~5 年后每亩鲜根产量可达 3 000千克。因此，紫花苜蓿可作为重要的轮作倒茬养地作物和水土保持作物。

六、凤眼莲

凤眼莲为雨久花科凤眼兰属多年生水生草本植物，又名“水葫芦”“水荷花”“水绣花”“野荷花”“洋水仙”。凤眼莲原产于南美洲，在我国首先见于珠江流域，生长在河港、池沼、湖泊和水田中，后来在全国大部分地区都有种植。凤眼莲的适应性强，繁殖快，产量高，一般每亩年产鲜体 25~40 吨，高的可达 50 吨。作为绿肥，凤眼莲生长迅速，有较强的富肥性。凤眼莲生长茂盛时，每亩每天从水中吸收氮 3 千克、磷 0.6 千克、钾 2.5 千克。凤眼莲含钾量较高。凤眼莲还具有富集重金属能力，在废水面上放养凤眼莲，可净化水质。凤眼莲还具有净化有毒物质酚、铬、镉、铅的作用，是砷中毒的指示植物。凤眼莲还是较好的青饲料和沼气原料植物，是肥饲兼用的优良绿肥品种。

凤眼莲喜温暖多湿的环境，在 0~40 ℃的范围内均能生长，适宜的生长温度为 25~32 ℃，35 ℃以上时生长缓慢，40 ℃时生长受抑制，43 ℃以上时就会死亡。凤眼莲也耐冷，1~5 ℃时能正常越冬；0 ℃以下遭霜冻后，叶片枯萎，但短期内茎、根、腋芽尚可保持活力。凤眼莲耐肥、耐贫瘠，适应性强，但以水深 0.3~1 米、水质肥沃、水流缓慢等条件为宜。凤眼莲喜光，亦能耐阴。

周年连续生长的凤眼莲，其管理措施应针对不同季节和采收情况而定，冬季以防止低温冻害为主。在温度大于 0 ℃的地方，可进行自然越冬；在温度小于 0 ℃的地方，可采用塑料覆盖、坑床湿润、深水保苗、热水灌溉等措施。

春季，当温度稳定在 13 ℃以上时开始放养凤眼莲，为加快繁殖，可建立苗地，每亩放苗 4~6 千克。凤眼莲是草鱼的最好食料，凤眼莲在鱼池中只能放养 2/3 的面积；采收面积为放养面积的 1/4~1/3。采收时需间隔采收，以防打翻植株。

凤眼莲作水稻基肥时可直接施用，也可堆肥后施用。直接压青的凤眼莲，一般每亩用量为 1 500~2 000 千克，可增产稻谷 20%。若用于旱地作物和果园压青，最好是先作沼气原料，再用沼渣作肥料。凤眼莲作沼气原料比麦秸、玉米秸、稻草、牛粪、猪粪的产气量高。

七、肥田萝卜

肥田萝卜又称“满园花”“茹菜”“大菜”“萝卜菜”“菜花”“苦萝卜”“萝卜青”，为十字花科萝卜属一年生或越年生作物。肥田萝卜在红壤、黄壤等酸性土壤上广泛种植，能与紫云英、油菜等混播。

肥田萝卜鲜草中养分含量丰富。肥田萝卜除用作绿肥外，在其幼嫩时可作为蔬菜食用，抽薹结荚前可供饲用，进行青饲或青贮均可。

肥田萝卜喜温暖湿润的环境，适应性较强，也耐旱、耐贫瘠，发芽最低温度为 4 ℃，0 ℃以下叶部易受冻害，但在春季到来后仍能恢复生长。肥田萝卜对土壤条件要求不严，在 pH 值为 4.8~7.8 的砂壤土和黏壤土上均能生长。它对难溶性磷的吸收利用能力强，能利用磷灰石中的磷。肥田萝卜苗期生长快，但再生能力弱。肥田萝卜栽培技术包括以下步骤。

（1）播种及管理。播前精细整地，开沟排水。肥田萝卜的适播期为 9 月下旬至 11 月中旬，过早播种易受虫害和冻害。与晚稻田套种时，在水稻收割前 10 天播种较好。播种量为 0.5～1.0 千克/亩，可条播、穴播和撒播，用磷肥或灰肥拌种，在春季可用少量氮肥作基肥。雨季要注意清沟理墒，以防发生根腐病。肥田萝卜的虫害有蚜虫、菜螟等，须治小、治早。

（2）留种。留种田以旱田为主。留种栽培宜选用抗逆性强、产量高的品种。留种田附近最好没有或少有其他十字花科植物，选择地势较高、干燥、排水良好的田地，适期早播。每亩播种量为 0.40～0.45 千克，每亩保留 1.5 万～2.5 万棵苗。抽薹开花期时打掉下部侧枝，促进通风透光，有利于结实。中下部果角呈黄色时即可收割、晒干、脱粒，适时迟收比早收有利于种子成熟。

肥田萝卜具有耐酸、耐瘠、生育期短、对土壤中难溶性磷钾等养分利用能力强等特点。一般每亩产鲜草 2 000～3 000千克，在红壤、黄壤地区长期作为冬绿肥种植。肥田萝卜作稻田绿肥时应提前 1 个月翻压，并适量增施速效氮、磷肥；在旱地压青，应截短后深埋 10～15 厘米。

八、籽粒苋

籽粒苋又称“天星苋”“天星米”“苋菜”，是苋科苋属无限花序一年生植物。籽粒苋广泛分布于我国长江流域、黄河流域、珠江流域和东北各地，在东经 83°～131°、北纬 18°～32°的地区均有种植。

一般每亩籽粒苋产种子 150～200 千克，产鲜草 8 000～15 000千克。籽粒苋鲜草折干率为 13.5%，干物质中钾含量可高达 5.51%，属于高钾绿肥品种。

籽粒苋种子是有发展前途的人类主食原料。其粗蛋白质含量平均为 16%～18%，较水稻、玉米、高粱、大麦、荞麦、小麦高；蛋白质组成均衡，含有 18 种氨基酸，其中赖氨酸含量占氨基酸总量的 37.9%，亮氨酸含量低于一般谷类作物。脂肪含量为 7.5%，高于水稻、大麦、小麦、高粱、玉米，主要成分为不饱和脂肪酸，占 70%~80%，品质与花生油、芝麻油相当。矿物质和维生素含量丰富且均衡，磷、铁、锌含量为谷物的 2 倍以上，钙含量为谷物的 10 倍，比大豆多 50%。食用籽粒苋种子食品可减少糖尿病、肥胖病的发病率，降低胆固醇，预防冠心病。籽粒苋嫩叶和幼苗茎叶是优良的蔬菜和畜、禽、鱼饲料，苗期风干物含粗蛋白质 22.69%。籽粒苋是值得开发种植的粮、饲、保健用绿肥品种。

籽粒苋原产于热带、亚热带地区，喜温湿气候，种子在 14~16 ℃时发芽较快，22~24 ℃时发芽最快，温度大于 36 ℃时发芽受阻。生长适宜温度为 24~26 ℃，当温度小于 10 ℃或大于 36 ℃时生长极慢或停止。适宜在年降水量为 600~800 毫米的地方种植，在肥力较高、pH 值为 5.8~7.5 的土壤上生长良好。各地应根据栽培制度、气候特点，选择合适的品种，在土壤平均温度大于 14 ℃时播种，秋播时间按 90 天左右成熟考虑。播种方式可采用穴播或育苗移栽，以直播为佳。播种时土壤不宜过湿，每亩用种量为 0.1~0.2 千克，要求每亩有苗 1.0 万~1.5 万株，用于收绿肥时播种量应加倍。底肥以有机肥为主，苗期应除草培土，追肥时每亩用速效氮肥 2 千克，以后每收割 1 次施肥 1 次。苗高 8 厘米左右时间苗，苗高 10~15 厘米时定苗，苗期需灌溉。

打主茎、留侧枝可增加种子产量。苗高约 1 米时在离地 40 厘米左右处收割。当主茎上部籽粒开始变硬、中部叶片微黄时，收获种子。作绿肥和饲料的籽粒苋，在现蕾期收割压青。

籽粒苋的主要病虫害有烂根病、蚜虫、椿象、土蚕等。

九、柽麻

柽麻又称“太阳麻”“菽麻”“印度麻”，为豆科野百合属植物。柽麻原产于热带和亚热带地区，适种范围较广，在我国陕西、河南、安徽、湖北、江苏等地广泛种植。柽麻苗期生长比较快，产草量高，是优良的速生绿肥品种之一，可以在各种茬口上进行间种、套种。

柽麻茎秆的韧皮组织坚韧、纤维含量高，碳氮比高于一般豆科植物。柽麻初花期草质较柔软，适宜收割作饲料用，在西北、华中地区很多地方有用柽麻茎叶喂牲畜的习惯。柽麻饲料成分与草木樨、紫花苜蓿相似。柽麻的嫩枝叶可作肥料、饲料，茎秆可用于剥麻。

柽麻喜温暖湿润气候，在12~40 ℃均能生长，不耐渍，种子的最低发芽温度为12 ℃，最适发芽温度为20~30 ℃。柽麻对土壤的适应范围较广，耐寒、耐贫瘠、耐酸和碱，宜在pH值为4.5~9.0、含盐量小于0.3%、排水良好的砂土中生长。

柽麻的生育期在4个月以上，分早熟型、中熟型、晚熟型3个类型，北方多种早熟型，南方多种晚熟型。柽麻可以春播、夏播或秋播，播种量为3~5千克/亩。春播、秋播和土质黏重的土地要适量多播，夏播和砂质土地可少播，若作绿肥用要多播，留种用宜少播。留种用的柽麻要适时播种，华南地区可在6月中上旬播种，安徽、江苏及华中一带在5月中下旬播种，以利于避开豆荚螟为害。为减少枯萎病为害，播前可用58 ℃温水或0.3%甲醛溶液浸种30分钟。柽麻对磷肥的需要量较大，一般每亩用50千克磷肥作基肥，有利于提高产量。

柽麻的主要病害是枯萎病，主要虫害是豆荚螟。豆荚螟一年可发生4~5代，应及时防治。同时，要适时割青、打顶，保证营养集中供应，注意调节养分和水分，减少落花、落蕾、落荚的发生。

柽麻适合在多茬口套种、间种和短期播种。柽麻在棉田套种可作为棉花桃期肥料；柽麻在麦后或早稻后种植可作为晚稻或小麦底肥；在果、桑、茶园种植柽麻，可以增肥和遮阳。

柽麻出土 1 周后就可以形成根瘤。单株最大氮、磷积累高峰在花期至初荚期，钾累积量在花期至盛荚期最多，适时收割压青有利于提高肥效。

柽麻生长快，生育期短，花期长，根量较大，一年可收草 2~3 次。柽麻纤维多，较难腐烂，作稻田绿肥用时宜在插秧前 30 天截短后压青，每亩压青 750 千克左右，一般可使水稻增产 30~40 千克/亩。

第三节　绿肥的利用

一、绿肥的利用方式

绿肥作为一种重要的农业资源，其利用方式多样，主要分为直接翻压、作为原材料积制有机肥料和用作饲料等方式。

（一）直接翻压

直接翻压是绿肥最传统的利用方式，即在绿肥作物生长到一定阶段后，将其直接翻入土壤中。这种方式可以迅速增加土壤有机质含量，改善土壤结构，提高土壤肥力。翻压的绿肥作物在土壤中逐渐分解，其固定的氮素和其他养分逐渐释放，供后续作物吸收利用。此外，翻压绿肥还能够提高土壤的保水保肥能力，减少化肥的施用量，降低农业生产成本，同时对环境保护也有积极作用。

（二）作为原材料积制有机肥料

绿肥作物也可以作为原材料用于积制有机肥料。在这种方式下，绿肥作物被收割后与其他有机废弃物如畜禽粪便、农作物秸秆等混合堆积，经过一段时间的发酵和腐熟过程，制成有机肥料。这种有机肥料不仅含有绿肥作物提供的养分，还结合了其他有机废弃物的养分，营养更加全面。制成的有机肥料可以用于土壤改良、提高土壤肥力和改善作物品质，是一种高效的土壤管理方法。

（三）用作饲料

绿肥作物因其营养价值较高，也可以作为饲料使用。一些绿肥作物如紫花苜蓿、紫云英等含有丰富的蛋白质和维生素，是优质的饲料资源。将绿肥作物收割后直接或经过简单加工作为畜禽的饲料，提高畜禽的饲养效果和经济效益。同时，利用绿肥作物作为饲料还可以减少对化肥和农药的依赖，促进农业生产的可持续发展。

综上所述，绿肥在我国的利用方式多样，不仅可以直接还田改良土壤，还可以积制有机肥料或作为饲料使用，这些方式都有助于提高农业生产的可持续性，增加农业产出的多样性，同时也有助于环境保护和资源循环利用。

二、绿肥翻压技术

（一）绿肥翻压时期

绿肥作物翻压的时期应在鲜草产量最高和养分含量最高时进行。翻压过早，虽易腐烂，但产量低、养分总量也低；翻压过迟，腐烂分解困难。一般豆科绿肥植株适宜的翻压时间为盛花期至谢花期，禾本科绿肥最好在抽穗期翻压，十字花科绿肥最好在上花下荚期。翻压绿肥时期的选择，除根据不同品种绿肥植物生长特性外，还要考虑经济作物的播种期和需肥时期。一般应与播种和移栽期有一段时间间距，大约 10 天。

（二）绿肥翻压量与深度

绿肥翻压量一般根据绿肥中的养分含量、土壤供肥特性和植物需肥量来考虑，每亩应控制在 1 000~1 500千克，然后再配合施用适量的其他肥料，来满足植物对养分的需求。

绿肥翻压深度应考虑微生物在土壤中旺盛活动的范围，一般以耕翻入土 10~20 厘米较好，旱地 15 厘米、水田 10~15 厘米，盖土要严，翻后耙匀，并在后茬作物播种前 15~30 天进行。还应考虑气候、土壤、绿肥品种及其组织老嫩程度等因素。土壤水分较少、质地较轻、气温较低、植株较嫩时，翻压宜深，反之宜浅。

（三）翻压后水肥管理

在绿肥翻压后，应配合施用磷、钾肥，既可以调整氮磷比，还可以协调土壤中氮、磷、钾的比例，从而充分发挥绿肥的肥效。对于干旱地区和干旱季节，还应及时灌溉，尽量保持充足的水分，加速绿肥的腐熟。

三、绿肥施用的注意事项

绿肥作为一种生态友好的土壤改良材料，在农业生产中具有重要作用。然而，绿肥在分解过程中也可能产生一些不利影响，需要注意合理管理和应用。

（一）绿肥分解中产生的有害作用

绿肥在分解过程中产生的有害作用有如下 3 点。

1. 消耗土壤水分

绿肥作物在分解过程中，微生物活动增强，这些微生物在分解有机物质时会消耗土壤中的水分。在干旱季节或干旱地区，大量施用绿肥可能会导致土壤水分不足，影响作物的正常生长，使作物出现枯萎现象。因此，在干旱条件下施用绿肥时，需要考虑合理的水分管理措施，确保作物有足够的水分供应。

2. 产生有害物质

绿肥分解过程中可能产生一些有机酸等有害物质，这些物质在一定条件下会导致土壤 pH 值下降，形成酸性环境。此外，有机物质的大量分解还可能导致土壤暂时性缺氧，这种厌氧环境可能会抑制种子的正常发芽和根系的生长，特别是对幼苗根系的影响更为明显。在水生蔬菜田中，施用过量的绿肥可能会导致水生蔬菜在生育初期受损，表现为叶色发黄、根部生长受阻，严重时甚至出现根部发黑腐烂。因此，绿肥的施用量需要根据土壤条件和作物需求合理控制。

3. 微生物与作物争夺氮素

在绿肥分解过程中，微生物为了自身的生长和繁殖，会吸收一定量的氮。绿肥施用过多可能会导致土壤中的氮素被微生物大量吸收，从而与作物争夺可利用的氮。这种情况可能会导致作物出现氮缺乏的症状，影响作物的正常生长和发育。因此，在施用绿肥的同时，需要监测土壤氮素水平，必要时可以通过施用氮肥来补充作物所需的氮。

（二）施用绿肥的管理措施

1. 绿肥施用量控制

绿肥施用量不宜过大，尤其是在排水不良的水生蔬菜田。过量的绿肥可能导致土壤湿度过高、缺氧，以及有害物质产生，影响作物的正常生长。因此，应根据土壤的类型、作物的需求以及当地的气候条件来确定绿肥的适宜施用量。在水生蔬菜田，应特别注意控制绿肥的施用量，避免因过量施用而导致的根系生长受阻和作物受损。

2. 提高翻压质量

绿肥的翻压质量直接影响其在土壤中的分解效率和作物的生长环境。犁翻后，应进行精耕细耙，确保绿肥与土壤充分混合，形成土肥相融的状态。这样可以促进绿肥的快速分解，同时减少土壤压实，提高土壤的通气性和渗透性，为作物根系的生长创造良好的条件。

3. 配合施用石灰

在酸性土壤中施用绿肥时，可以配合施用石灰来中和土壤酸度，提高土壤 pH 值，从而促进绿肥的分解和作物对养分的吸收。石灰的施用量应根据土壤的酸碱度和绿肥的种类来确定，以避免过量施用导致的土壤碱化。

4. 处理中毒性问题

若作物已经出现因绿肥分解产生的中毒性症状，如发僵、叶色发黄等，可以采取紧急措施进行处理。例如，每亩可施用石膏粉 1.5~2.5 千克，石膏粉中的硫酸钙可以中和土壤中的酸性物质，缓解作物的中毒性症状。同时，还应加强土壤的排水管理，降低土壤湿度，改善根系的生长环境。

总之，绿肥的合理施用对于改善土壤环境和提高作物产量具有重要作用。但在实际应用中，需要注意控制绿肥的施用量，提高翻压质量，并根据土壤条件合理配合施用石灰等调节剂，以确保绿肥发挥最佳效果，避免可能的不利影响。这些综合管理措施，可以保障有效利用绿肥资源，促进农业生产的可持续发展。

第九章 深翻深松法防治土壤酸化

第一节 深翻深松的概念与作用

一、深翻深松的概念

深翻是指将土壤深层翻动，使土壤表层与底层相互混合，以改善土壤结构和提高土壤肥力。

深松，又称深松耕或深层耕作，是在不改变土壤层次结构的前提下，通过疏松土壤深层来改善土壤的通气和保水性能。深松不涉及土壤层次的颠倒，而是通过创造更多的孔隙来增加土壤的透气性和水分保持能力。

深松与深翻不同。深翻破坏土壤结构，深松不破坏土壤结构；深松要比深翻作业深；深翻后土壤全是松虚软层，深松是虚实相间。

二、深翻深松的作用

（一）土壤结构的优化

深翻深松技术通过深层翻土，有效地打破了土壤的板结层，增加了土壤的孔隙度和透气性。这样的土壤结构优化有助于提高土壤中氧气的含量，促进根系的深入发展和微生物的活性。微生物在土壤中的活动不仅能够加速有机质的分解，还能够产生一些碱性物质，这些物质有助于中和土壤中的酸性物质，从而减缓土壤酸化的速度。

（二）有机质含量的提升

深翻深松技术能够促进农作物秸秆等有机物的分解和转化，增加土壤中的有机质含量。有机质是土壤肥力的重要来源，它不仅能够提供植物所需的养分，还能够通过微生物分解过程中产生的碱性物质来中和土壤酸度。此外，有机质还能够吸附和固定土壤中的重金属等有害物质，减少其对环境和农作物的不良影响。

（三）土壤水分管理的改善

深翻深松技术通过改善土壤的孔隙结构，增强了土壤的水分保持能力。良好的水分管理有助于减少酸性物质的淋溶和流失，从而降低土壤酸化的风险。同时，土壤水分的保持还能够为微生物活动提供适宜的环境，进一步促进土壤酸碱平衡。

（四）微生物活性的促进

土壤微生物在维持土壤健康和肥力方面发挥着关键作用。深翻深松技术通过改善土壤结构和增加有机质含量，为微生物提供了更加适宜的生存环境。微生物多样性和活性的提高，有助于加速有机质的分解，促进养分的循环，同时也能够产生一些有益的代谢产物，这些代谢产物可以抑制病原微生物的生长，减少病害的发生。

（五）农艺措施的综合应用

深翻深松技术可以与其他农艺措施如合理轮作、覆盖农作物、施用有机肥等相结合，形成一套综合的土壤管理策略。例如，深翻深松与有机肥的配合使用，可以提高土壤的有机质含量和微生物活性，同时减少化学肥料的施用，降低土壤酸化的风险。此外，轮作制度的实施可以打破病虫害的生命周期，减少人们对单一农作物的依赖，从而降低病虫害的发生，保护土壤健康。

第二节　深翻法

一、深翻的作业要求

深翻作业是农业耕作中的重要环节，对于提高土壤质量、优化种植环境具有至关重要的作用。其作业质量应严格遵循“深、平、透、直、齐、无、小”的七字要求，以确保耕作效果达到最佳状态。

（一）深

深翻的深度必须达到预先规定的标准，这样才能有效改良土壤深层的结构。同时，整个作业区域内的深度应该保持一致，避免出现深浅不一的情况，这样才能确保土壤改良的效果均匀，有利于农作物根系的均衡发展。

（二）平

完成深翻后，土壤表面应该平整，没有显著的起伏或凹凸不平。这样不仅有利于后续的播种和灌溉，还能确保农作物生长的均匀性。此外，犁底的平稳性也是保证土壤翻动均匀的关键。

（三）透

深翻后的土壤应该具有良好的透气性，这有助于农作物根系的呼吸和生长。开墒无生埂意味着翻土后不应留下未翻动的土埂，而翻垡碎土好则强调了土壤应该被充分打碎，以便更好地接纳水分和养分。

（四）直

耕作时，墒沟（即耕作的直线）应保持直线，这不仅有助于提高作业效率，还能确保农作物种植的整齐性。耕幅一致则意味着整个耕作区域的耕作宽度应保持一致，使得农作物种植更加规范和美观。

（五）齐

深翻作业应该覆盖到田地的每一个角落，包括地头和地边，确保整个田地的土壤都得到适当的翻动和改良。这样，无论是田地的边缘还是中间部分，都能保持整齐一致，有利于后续的农业管理。

（六）无

在深翻作业中，应避免出现重耕（即同一区域耕作两次）和漏耕（即有区域未被耕作）的情况。此外，还应避免形成斜坡、三角形或其他不规则形状的土壤结构，以免影响农作物的均匀生长和土壤的保水性。

（七）小

深翻后形成的墒沟和伏脊应保持较小的尺寸，这有助于减少水分的蒸发，保持土壤的湿度，同时也便于农作物的播种和管理。小尺寸的墒沟和伏脊还能减少土壤侵蚀、保护土壤结构。

二、深翻机械作业技术

（一）深翻适用范围

深翻适用于一般耕地，尤其是那些土壤结构较差、存在一定程度酸化的土壤。

对于连续两年深翻的稻田、沙漏田（排水性良好的土壤）、潜育性田（长期水分保持，导致土壤下部氧化还原状态改变的土壤）不宜使用深翻法。

深翻也适用于土壤紧实、通气性和渗透性差的土壤，以及需要改善土壤深层结构的土壤。

（二）深翻适用机具

深翻作业一般利用 70 马力（约 51.45 千瓦）以上轮式拖拉

机配套铧式犁或圆盘犁进行。常用犁有 1LS-525 五铧犁、1LY-325 圆盘犁、1LYQ-1030（1230）驱动圆盘犁等。

（三）深翻时间

深翻的最佳时期通常是在冬季闲置时期或春季播种前的准备工作中，这样可以避免与农作物生长季节冲突。在冬闲时期进行深翻，可以利用冬季的低温冻融作用，促进土壤团粒结构的形成，改善土壤通透性。在春耕时期进行深翻，可以为春季播种创造良好的土壤条件。

（四）深翻深度

深翻的深度应随土壤特性、微生物活动、农作物根系分布规律及养分状况来确定，一般情况下深翻深度控制在 18~22 厘米。耕翻过深会造成有机肥被埋压在深土层，肥效利用晚；生土被翻到地面上，对幼苗生长不利。

（五）深翻的实施步骤

1. 土地准备

在开始深翻作业之前，要对土地进行彻底的清理，包括移除土地上的石块、树枝、杂草等杂物，确保土地表面平整且无障碍物。

2. 确定深翻范围

根据农作物的种植要求和土壤状况来确定深翻的具体区域和深度。确定好深翻范围后，可以更精确地规划作业路线和作业量，确保深翻作业的高效进行。

3. 机械调试

在深翻作业开始之前，要对所使用的农业机械进行一次全面的检查和调试，包括检查机械的各个部件是否完好，确认机械的运行状态是否正常，以及调整深翻犁的深度和角度等。确保机械处于最佳工作状态，可以提高作业效率，减少机械故障的风险。

4. 深翻作业

在深翻作业过程中，要严格按照预定的深度和范围进行作业。深翻的目的是改善土壤结构、增加土壤的通气性和保水性，同时，深翻也有助于杀灭土壤中的病虫害。在作业过程中，要保持深度的一致性，避免出现漏耕或重耕的情况，以确保整个作业区域的土壤都得到均匀的翻动。

5. 土地整理

深翻作业完成后，需要对土地进行平整处理，目的是消除深翻后土地表面的不平整，以利于后续的播种或种植工作。

6. 灌溉与施肥

根据土壤的湿度状况和农作物的营养需求，进行适当的灌溉和施肥。灌溉工作要确保土壤湿润但不积水，以利于农作物根系的生长和吸收。施肥则要根据农作物的生长阶段和土壤测试结果来决定肥料的种类和用量，以保证农作物能够获得充足的养分，促进其健康生长。

（六）深翻的注意事项

（1）做好深翻作业前的准备工作；机具必须合理配套，正确安装，正式作业前必须进行试运转和试作业。

（2）土壤在深翻时应处于湿润状态，这样有利于土壤的翻动和混合，减少对土壤结构的破坏。

（3）深翻不宜连年实施，以免影响土壤表层的有机质积累和微生物活性。建议每 3~5 年进行 1 次深翻，以保持土壤肥力和结构的平衡。

（4）在深翻的同时，应注意土壤 pH 值的变化，必要时施用石灰等碱性物质进行调节，以防止土壤酸化。

（5）由于土壤有机质与养分多集中在耕地表层，深翻在降低耕地表层土壤重金属等有害物质含量的同时，也会降低表层土壤中有机质和养分的含量。因此，深翻后应进行配套施肥，以满足农作物生长的需要。

(6) 深翻后，应加强土壤水分管理，避免土壤孔隙度增加导致的水分流失。

第三节　深松法

一、深松的形式

深松作为一种土壤耕作技术，可以通过不同的具体形式来实施，以适应不同的土壤类型、农作物需求和农田管理目标。以下是一些常见的深松形式。

（一）全面深松

全面深松是在整个田块内进行深松作业，不留未松土的区域。适用于土壤普遍紧实、耕层浅或需要彻底改良土壤结构的情况。

（二）间隔深松

间隔深松是在田块中按照一定的间隔进行深松，形成松土和未松土相间的格局。适用于土壤局部紧实或排水不畅的区域，以及希望减少作业成本的情况。

（三）浅翻深松

浅翻深松是指在较浅的土层内进行深松作业，通常不超过根系主要分布层。适用于农作物根系较浅，或者需要保护土壤表层有机质的情况。

（四）灭茬深松

灭茬深松是指在农作物收获后，利用农作物茬根进行深松，以改善土壤结构。适用于农作物收获后立即进行土壤管理，以减少土壤压实和提高土壤的保水保肥能力。

（五）中耕深松

中耕深松是在农作物生长期间，对行间或株间进行深松，以促进根系扩展。适用于在农作物生长中期需要改善土壤通气性和水分条件的情况。

（六）垄作深松

垄作深松是在垄上进行深松作业，通常与垄作栽培相结合。适用于垄作栽培的农田，可以提高垄背土壤的通气性和保水性。

（七）垄沟深松

垄沟深松是在垄沟内进行深松作业，以改善沟内土壤的物理性质。适用于需要改善排水条件或增加土壤深度的垄沟区域。

二、深松机械作业技术

深松机械有单独的深松机，也可以在铧式犁架上安装深松铲进行作业。下面以 1S-9 型深松机为例介绍深松机的分类及基本构造、工作原理、使用调整、使用注意事项等。

（一）深松机的分类及基本构造

深松机是一种只松土而不翻土的耕作机具，适合于旱地的耕作。该机可与四轮拖拉机配套。深松机械主要有 3 类：全方位深松机、铲锄式深松机、凿式深松机。1S-9 型深松机基本构造由机架、悬挂架、深松铲、立柱、限深轮等部件组成。

（二）工作原理

多年连续采用同一深度的翻地作业或多年只用小四轮起垄或旋耕作业，导致耕层和心土层之间人为地形成 6~10 厘米厚的紧实层——犁底层。犁底层的形成显然成为耕作层和非耕作层之间的隔离层，使耕作层中过多的水分不能及时向心土层渗透；耕作层干旱时，心土层不能及时向耕作层提墒，削弱了耕作层抗旱、防涝能力。同时，犁底层也影响了耕作层和心土层之间的气体交换。拖拉机带动深松机工作，深松机以 30～50 厘米的深度打破耕作层，达到深松的目的。

（三）深松机使用调整

（1）使用时，将深松机的悬挂装置与拖拉机的上下拉杆相连接，并通过拖拉机的吊杆使深松机保持左右水平；通过调整拖拉机的上拉杆（中央拉杆）使深松机前后保持水平，保持松土深度一致。

（2）深松铲在机架上的安装高度要一致，保证松土平整深度一致。

（3）松土深度调节机构是调整深松机松土深度的主要调整机构，在田间作业时，根据松土深度的要求来调整。调整方法：拧动法兰螺丝，以改变限深轮距深松铲的相对高度。距离越大深度越深。调整时要注意两侧限深轮的高度一致，否则会造成松土深度不一致。

（四）深松机在使用中的注意事项

（1）深松机须有专人负责维护使用，熟悉深松机的性能，了解机器的结构及各个操作点的调整方法和使用。

（2）深松机工作前，必须检查各部位的连接螺栓，不得有松动现象。检查各部位润滑脂，不够应及时添加。检查易损件的磨损情况。

（3）深松作业中，要使深松间隔距离保持一致。作业应保持匀速直线行驶。

（4）作业时应保证不重松、不漏松、不拖堆。

（5）作业时应随时检查作业情况，发现机具有堵塞应及时清理。

（6）机器在作业过程中如出现异常响声，应及时停止作业，待查明原因解决问题后再继续进行作业。

(7) 机器在工作时，发现有坚硬和阻力激增的情况时，应立即停止作业，排除不良状况，然后再进行操作。

(8) 为了保证深松机的使用寿命，在机器入土与出土时应缓慢进行，不要对其强行操作。

(9) 设备作业一段时间，应进行一次全面检查，发现故障及时修理。

(五) 维护保养

(1) 作业中应及时清理深松铲上黏附的泥土和缠草等。

(2) 每天应检查一次深松机各部件螺丝紧固情况，对磨损部件或损坏部件应及时更换或修理。

(3) 每季作业完毕深松机停放不用时，要及时将深松机清理干净，对深松铲、铲尖、铲翼及各个紧固螺栓均应刷涂机油或黄油进行防锈保护，并放置在机库内保存；没有机库条件时，应选择地势较高的地方，将深松机铲尖用砖和木块垫离地面 10~20 厘米，并用篷布遮盖严密，严禁机具露天长期放置。

第十章 轮作休耕防治土壤酸化

第一节 轮作休耕概述

一、轮作休耕的相关概念

（一）轮作

轮作包含了时间和空间两个因素：同一田块在不同时间种植不同的作物是时间上的轮作，而空间上的轮作是指不同的作物在不同的时间里种植在不同的田块。轮作的实质是利用不同作物生物学特性的差异，提高资源的利用效率。常见的轮作模式有禾谷类轮作、禾豆轮作、粮食和经济作物轮作、水旱轮作等。

1. 禾谷类轮作

禾谷类轮作是指在同一块土地上交替种植不同类型的禾谷类作物，如小麦、玉米、水稻等。这种轮作模式有助于平衡土壤养分，减少特定病虫害的发生，同时可以有效地利用土壤资源，提高土地的产出效率。

2. 禾豆轮作

禾豆轮作是指将禾谷类作物与豆科作物交替种植。豆科作物通过根瘤固氮作用能够提高土壤中的氮含量，从而为后续的禾谷类作物提供丰富的氮素。这种轮作模式有助于提高土壤肥力，减少化肥的施用量，同时增加农产品的多样性。

3. 粮食和经济作物轮作

这种轮作模式结合了粮食作物和经济作物（如油料作物、蔬菜、烟草等）的种植。通过这种多样化的种植方式，农民可以更好地管理风险，提高收入稳定性。同时，这种轮作模式有助于改善土壤结构、提高土壤的保水保肥能力。

4. 水旱轮作

水旱轮作是指在同一块土地上交替种植水田作物（如水稻）和旱地作物（如小麦、玉米等）。这种轮作模式可以有效地改善土壤结构，减少水土流失，提高土壤的排水和透气性能。同时，水旱轮作有助于打破病虫害的生命周期，降低病虫害发生的风险。

（二）休耕

休耕是一种更彻底的耕地休养生息方式。顾名思义，休耕就是耕地在可种作物的季节只耕不种或不耕不种，从而使耕地减少水分、养分消耗，促进土壤的养分转化。休耕分为季节性休耕和全年休耕。

1. 季节性休耕

季节性休耕是指在一年中的某个季节停止耕作，而在其他季节继续种植作物。这种休耕方式通常用于水资源短缺或土壤退化严重的地区。例如，在干旱或半干旱地区，可能会选择在降水较少的冬季休耕，而在夏季或春季种植作物。季节性休耕有助于减少对地下水的依赖、改善土壤结构、增加土壤有机质含量，同时减少病虫害的发生。

2. 全年休耕

全年休耕是指在一年内完全不进行耕作，使土地得到充分的休息和恢复。这种休耕方式适用于土壤严重退化、污染或需要进行生态修复的地区。全年休耕期间，可以采取种植绿肥作物、施用有机肥、进行土壤改良等措施，以提高土壤质量，恢复土壤生态系统的功能。

（三）轮作休耕

轮作休耕结合了轮作和休耕的优点，是用地、养地相结合的一种生物学措施。

轮作休耕是指在轮作系统中安排一定比例的土地进行休耕。具体来说，轮作休耕是指在同一块田地上，有顺序地在季节间或年份间轮换种植不同的作物或复种组合或轮换休种的一种种植方式。

二、轮作休耕的原理

轮作休耕是一种农业生产方式，它的基本原理是在一块土地上，按照一定的时间顺序，种植不同的作物，然后让土地休息一段时间。人休息后工作更有精神，耕地也一样，轮作后耕地“身体”棒多了，种植农作物就会生产比较多的粮食。这种方法可以有效地恢复土壤肥力，防止土壤“疲劳”，同时还可以防止病虫害的发生。

在休耕期间，土地上不进行任何种植活动，让土壤有时间恢复其自然状态。这个过程可以通过自然的方式，如雨水的冲刷和微生物的活动，来提高土壤的肥力。同时，休耕期也可以阻断病虫害的生命周期，从而减少对农药的依赖。

三、轮作休耕的发展

在数千年的农耕活动中，我们的先辈“顺天时，量地利”，植五谷、养六畜，农桑并举、耕织结合，创造了灿烂辉煌的农耕文明，留下了弥足珍贵的农业文化遗产。他们掌握了丰富有效的农耕智慧，发明了多种种植制度如轮作休耕，即利用季节、作物特性合理使用土地，实现互利最大化和互害最小化，寻求多样生物之间的最佳生态关系，在有限的耕地上实现最大的产出。轮作休耕在现代农业的应用中仍有十分重要的地位和价值。

在部分地区探索实行耕地轮作休耕制度试点，是党中央、国务院着眼于我国农业发展突出矛盾和国内外粮食市场供求变化作出的重大决策部署，目的是促进耕地休养生息和农业可持续发展。

在 2015 年年底召开的中央农村工作会议上，实施部分耕地轮作休耕成为会议代表们讨论的一大焦点话题。会议通过的《中共中央　国务院关于落实发展新理念加快农业现代化　实现全面小康目标的若干意见》（即 2016 年中央一号文件）提出，探索实行耕地轮作休耕制度试点，通过轮作、休耕、退耕、替代种植等多种方式，对地下水漏斗区、重金属污染区、生态严重退化地区开展综合治理。

2016 年中央全面深化改革领导小组第二十四次会议审议通过《探索实行耕地轮作休耕制度试点方案》，提出“坚持生态优先、综合治理，轮作为主、休耕为辅，以保障国家粮食安全和不影响农民收入为前提”，率先在东北冷凉区、北方农牧交错区等地开展轮作试点，在河北省地下水漏斗区、湖南省重金属污染区、西南西北生态严重退化地区开展休耕试点，我国自此正式拉开耕地轮作休耕制度的序幕。试点以来，轮作休耕实施面积由 2016 年的 616 万亩增至 2022 年的 6 926万亩，实施省份由 9 个增至 24 个。自 2016 年耕地轮作休耕制度试点实施以来，中央财政不断加大扶持力度，补助资金由 14. 36 亿元增至 111. 45 亿元。

第二节　轮作休耕的作用

一、轮作休耕的重要作用

（一）耕地资源的休养生息

耕地资源的休养生息是指通过合理的农业活动安排，使耕地得到必要的恢复和保护。长期连续耕作会导致土壤结构破坏、有机质减少、肥力下降等问题。轮作休耕能够通过改变作物种植模式和周期，使土壤得到休息和修复的机会。例如，种植深根系作物可以促进土壤结构的改善，而豆科作物的轮作则可以通过固氮作用提高土壤肥力。休耕期间，土壤肥力自然恢复，微生物活动增加，有助于维持和提高土壤的生态功能。

（二）促进耕地的可持续利用

可持续利用耕地是指在不损害土地资源的前提下，实现长期的农业生产。轮作休耕通过多样化的作物种植，减少了对土壤养分的单一消耗，平衡了土壤的养分供给。例如，轮作可以避免某些养分被特定作物过度吸收，同时，不同作物对土壤的压实和侵蚀影响也不同，通过合理轮作，可以减少这些不利影响。休耕期间，土壤水分得以保持，养分得以积累，为下一轮作物生长提供良好的土壤环境，从而实现耕地的可持续利用。

（三）农业可持续发展

农业可持续发展强调在满足当前需求的同时，不损害后代满足其需求的能力。轮作休耕有助于提高农业生产的生态效率，减少对环境的负面影响。种植多样化的作物，可以提高生态系统的稳定性和抗逆性，减少病虫害的发生，降低农药和化肥的使用，从而减轻农业活动对环境的压力。此外，轮作休耕还有助于保护和改善生物多样性，维持生态系统的健康和平衡。

二、轮作休耕对防治土壤酸化的作用

实行耕地轮作休耕，不仅有利于耕地资源的休养生息，促进耕地的持续利用和农业可持续发展，还对防治土壤酸化有积极的作用。

（一）改善土壤结构

轮作休耕通过改变作物种植模式，有助于改善土壤的物理结构。例如，轮作可以减少对土壤的压实，增加土壤的孔隙度，从而提高土壤的通气性和渗透性。休耕期间，土壤不受耕作干扰，有利于土壤结构的自然恢复，这有助于减少水分蒸发，保持土壤湿润，从而降低土壤酸化的风险。

（二）增加土壤有机质含量

轮作休耕可以提高土壤有机质含量。轮作时，不同作物的残根残枝和绿肥的施用增加了土壤有机质的输入。休耕期间，土壤微生物活动减少，有机质分解速度减慢，有助于有机质的积累。有机质是土壤肥力的重要指标，它可以提高土壤缓冲能力，减少酸碱度的波动，对抗土壤酸化。

（三）促进微生物活性

轮作休耕有助于提高土壤微生物多样性和活性。轮作引入新的作物，为土壤微生物提供新的营养物质和生存环境。休耕期间，土壤环境变化较小，有利于微生物群落的稳定和生长。微生物活性的提高有助于有机质的分解和养分的循环，同时微生物可以通过其代谢活动产生碱性物质，中和土壤酸度，减轻土壤酸化。

（四）减少化肥和农药使用

轮作休耕可以减少化肥和农药的使用。轮作通过多样化的作物种植，降低了单一作物连作依赖化肥和农药的程度。休耕期间，化肥和农药的减量施用，减轻了这些化学物质对土壤的酸化影响。同时，减少化肥施用还有助于减少土壤中氮素的过量积累，避免氮素过量引起的土壤酸化问题。

（五）调节土壤养分平衡

轮作休耕有助于调节土壤养分平衡。通过种植不同类型的作物，可以改善土壤中养分的分配和利用效率。例如，豆科作物的轮作可以固定大气中的氮，增加土壤氮素含量。休耕期间，土壤中的养分得到保存和积累，为后续作物生长提供充足的养分。这种养分平衡有助于维持土壤的自然肥力，减少养分失衡引起的土壤酸化。

第三节　轮作休耕的实施

一、轮作休耕的模式

轮作休耕模式主要包括紧相轮作休耕和休息利用轮作休耕两种。

（一）紧相轮作休耕模式

紧相轮作休耕模式是一种精心设计的农业生产策略，它通过在一年中的特定时段对同一块土地进行交替耕作与休耕，以达到提高土壤肥力、减少病虫害发生、优化作物产出和促进农业可持续发展的目的。例如，水稻种植主要安排在 8—10 月，而休耕期则设定在 3—5 月，利用休耕期种植大豆、马铃薯等非耕作性作物，这些作物不仅能够为土壤带来必要的养分补充，还能通过其生物特性改善土壤结构和生态环境。此外，紧相轮作休耕模式强调科学管理和技术应用，通过定期监测土壤肥力和作物生长状况，合理调整作物种植计划和土地管理措施，从而确保农业生产的高效性和生态友好性。

（二）休息利用轮作休耕模式

休息利用轮作休耕模式是一种创新的农业生产实践，它通过在全年连续耕作的基础上，选定特定时间段让土地进行休息，以减少对土地生产力的过度消耗，并结合技术创新和改进措施，提高粮食产量和农业生产效率。例如，每年不对地块作休耕，而是选择在4—6月这个关键时期种植紫云英、草木樨等草本作物，而不是进行水稻的耕作，这样的安排不仅有助于保护农田生态环境、减少水土流失，还能通过作物根系的改善作用提升土壤质量。休息利用轮作休耕模式倡导通过现代农业技术的应用，如精准农业、智能农业等，来优化种植模式、提升机械化水平，从而在休息期间实现环境保护和生产效率的双重提升。通过这种方法，农民可以在保持土地生产力的同时促进农业的可持续发展，实现经济效益和生态效益的双赢。

二、轮作的顺序

不同作物对土壤的需求不同，因此在选择轮作的顺序时，需要考虑作物需求和土壤条件。一般来说，应该先种植对土壤要求较高的作物，然后种植对土壤要求较低的作物。例如，在种植了对氮素需求量大的作物，如玉米之后，土壤中的氮素往往会被大量吸收而导致含量降低，这时种植豆科作物，比如大豆，就成了一个理想的选择。豆科作物的根系与根瘤菌共生，能够将大气中的氮气转化为植物可利用的氮素，这样不仅能够提高土壤的氮含量，还能减少化肥的施用量，从而降低农业生产成本和环境污染。

三、休耕的时间

休耕时间的长度，应根据土壤的恢复情况和作物的生长周期来确定。一般来说，休耕时间应该足够长，以便土壤有足够的时间恢复。例如，春季种植的玉米在秋季收获后，可以让土地休耕一个冬季，这样不仅可以避免冬季低温对作物生长的不利影响，还能利用这段时间让土壤得到恢复。等到翌年春季，土壤中的养分已经得到补充，土壤结构也得到了改善，这时再种植新的作物，能够带来丰富的产出。

四、休耕期的管理

虽然在休耕期间，土地上不进行任何种植活动，但这并不意味着可以忽视土地的管理。在休耕期间，需要定期检查土壤的状况，如土壤的湿度、pH 值和营养成分等。此外，还需要防止杂草的生长，因为杂草会消耗土壤中的营养。

第十一章 农药减量防治土壤酸化

第一节 农药的种类

一、农药的概念

农药是指用于预防、控制为害农业、林业的病、虫、草、鼠和其他有害生物以及有目的地调节植物、昆虫生长的化学合成或者来源于生物、其他天然物质的一种物质或者几种物质的混合物及其制剂。

二、农药的分类

为便于认识和使用农药，可以按照主要成分、防治对象、作用方式进行分类。

（一）按主要成分分类

1. 无机农药

农药中有效成分属于无机物的品种，主要由天然矿物原料加工、配制而成，又称矿物源农药。早期使用的无机农药如砷制剂、氟制剂因毒性高、药效差、对植物不安全，已逐渐被有机农药取代；目前使用的无机农药主要有铜制剂和硫制剂，铜制剂有波尔多液、硫酸铜等，硫制剂有石硫合剂、硫磺等。

2. 有机农药

农药中有效成分属于有机化合物的品种，多数可用有机的化学合成方法制得。目前所用的农药绝大多数属于这一类，具有药效高、见效快、用量少、用途广、可满足各种不同需要等优点。有机农药根据其来源及性质又可分为植物性农药（用天然植物加工制造的，所含有效成分是天然有机化合物，如烟碱、鱼藤酮、印楝素）、微生物农药（用微生物及其代谢产物制成，如苏云金杆菌、阿维菌素、井冈霉素等）和有机合成农药（即人工合成的有机化合物农药）。

（二）按防治对象分类

（1）杀虫剂。用于防治有害昆虫的药剂。

（2）杀菌剂。能够直接杀死或抑制病原菌生长、繁殖，或削弱病菌致病性以及通过调节植物代谢提高植物抗病能力的药剂。

（3）除草剂。用于防除杂草的药剂。

（4）杀螨剂。用于防治有害蜱、螨类的药剂。

（5）杀鼠剂。用于毒杀有害鼠类的药剂。

（6）杀线虫剂。用于防治植物病原线虫的药剂。

（7）植物生长调节剂。对植物生长发育有控制、促进或调节作用的药剂。

（8）杀软体动物剂。用于防治有害软体动物的药剂。

（三）按作用方式分类

1. 杀虫剂

（1）胃毒剂。通过昆虫取食而进入消化系统引起昆虫中毒死亡的药剂。

（2）触杀剂。通过体壁或气门进入昆虫体内引起昆虫中毒死亡的药剂。

（3）内吸剂。被植物的根、茎、叶或种子吸收进入植物体内，并在植物体内传导运输到其他部位，使昆虫取食或接触后引起中毒死亡的药剂。

（4）熏蒸剂。以气体状态通过呼吸系统进入昆虫体内引起昆虫中毒死亡的药剂。

（5）拒食剂。使昆虫产生厌食、拒食反应，因饥饿而死亡的药剂。

（6）驱避剂。通过其物理、化学作用（如颜色、气味等）使昆虫忌避或发生转移，从而达到保护寄主植物或特殊场所目的的药剂。

（7）引诱剂。通过其物理、化学作用（如光、颜色、气味、微波信号等）可将昆虫引诱到一起集中消灭的药剂。

（8）不育剂。药剂进入昆虫体内，可直接干扰或破坏昆虫的生殖系统，使昆虫不产卵或卵不孵化或孵化的子代不能正常生育。

（9）昆虫生长调节剂。扰乱昆虫正常生长发育，使昆虫个体生活能力降低而死亡或种群数量减少的药剂，包括几丁质合成抑制剂、保幼激素类似物、蜕皮激素类似物等。

2. 杀菌剂

（1）保护性杀菌剂。在植物发病前（即当病原菌接触寄主或侵入寄主之前），施用于植物可能受害部位，以保护植物不受侵染的药剂。

（2）治疗性杀菌剂。在植物被侵染发病后，能够抑制病原菌生长或致病过程，使植物病害停止扩展的药剂。

（3）铲除性杀菌剂。对病原菌有强烈杀伤作用的药剂。因作用强烈，有的不能在植物生长期使用，有的需要注意施药剂量或药液的浓度。多用于休眠期的植物或未萌发的种子，或处理植物或病原菌所在的环境（如土壤）。

3. 除草剂

（1）触杀性除草剂。不能在植物体内传导，只能杀死所接触到的植物组织的药剂。

（2）内吸性除草剂。药剂施用于植物体或土壤，通过植物的根、茎、叶等部位吸收，并在植物体内传导至敏感部位或整个植株，使杂草生长发育受抑制而死亡。

第二节　农药的作用与为害

一、农药的作用

农药在现代农业生产中扮演着至关重要的角色，其主要作用可以归纳为以下 6 个方面。

（一）病虫害防治

农药的最根本作用是防治农作物的病虫害。在农业生产中，害虫、病菌、病毒、线虫等生物因素常常对作物造成严重威胁，导致作物生长受阻、产量降低甚至绝收。为了有效控制这些有害生物，农药被广泛使用。杀虫剂专门针对害虫，杀菌剂用于防治植物病害，而杀螨剂则针对为害作物的螨类。精准施用这些农药可以显著降低病虫害的发生率，保护作物免受损害，确保作物的健康生长和产量稳定。

（二）杂草控制

杂草是农业生产中常见的问题，它们与作物竞争养分和生长空间，严重影响作物的生长和产量。除草剂的使用可以有效控制田间的杂草，减少它们对作物的负面影响。根据不同的作用机理和使用时期，除草剂可以分为预防性除草剂和后出苗性除草剂。

预防性除草剂通常在作物播种前或播种后不久施用，以防止杂草种子发芽生长；后出苗性除草剂则在作物和杂草共同生长的阶段施用，专门针对已经出现的杂草。合理选择和使用除草剂可以显著提高作物的生长条件和产量。

（三）促进作物生长

除了防治病虫害，某些农药还具有促进作物生长的作用。植物生长调节剂是一类特殊的农药，它们能够影响植物的生长发育，如促进开花、结果，延长花期、增加果实大小等。这类农药通过调节植物内部激素平衡来改善植物的生长条件，提高作物的产量和品质。例如，一些生长调节剂可以促进作物根系的发展，增强作物对逆境的抵抗力，从而在不利气候条件下也能保持较好的生长状态和产量。

（四）保护收获后的作物

收获后的作物保护是农药作用的另一个重要方面。在粮食和果蔬的贮存过程中，它们常常会受到微生物的侵害，发生霉变和腐烂。使用杀菌剂和防腐剂等农药可以有效地控制这些微生物，延长农产品的贮存期限，减少产后损失。这些农药通过抑制或杀死导致霉变的微生物，保护粮食和果蔬的品质和安全性，确保农产品能够安全地到达消费者手中。

（五）改善农业生产环境

合理使用农药不仅可以提高作物产量，还可以改善农业生产环境。通过减少病虫害对作物和农田生态系统的破坏，农药有助于维持农田的生物多样性和生态平衡。此外，通过减少病虫害导致的作物损失，农药还可以降低农业生产对环境的压力，促进农业的可持续发展。

（六）提高农业生产效率

农药的使用极大地提高了农业生产的效率。在过去，农民需要投入大量的人力进行除草、除虫等劳动密集型工作。而如今，通过使用农药，这些工作可以被大幅度简化和减少，降低了农业生产的劳动强度和成本。此外，农药还可以提高作物的生长速度和抗逆性，使得农业生产更加高效和稳定。这不仅提高了农民的生产效率，也为社会提供了更加丰富和稳定的食物供应。

二、农药的为害

尽管农药带来了很多好处，但其潜在的环境和健康风险也不容忽视。

（一）对环境的影响

农药的使用对环境的影响是多方面的。首先，农药通过农田排水和地表径流可能进入河流、湖泊和地下水，造成水体污染。这种污染不仅影响水生生物的健康，还可能通过饮用水进入人体，引发健康问题。农药残留还可能导致土壤中有益微生物的数量减少，这些微生物在维持土壤肥力和生态系统平衡中起着关键作用。此外，农药可能通过食物链累积，影响更高营养级的生物，如鸟类和哺乳动物，进而影响整个生态系统的稳定性。

（二）对人体健康的影响

农药残留对人体健康的影响是一个严重的问题。长期摄入含有农药残留的食物可能对人体健康造成慢性影响，包括内分泌系统的紊乱、神经系统的损害以及增加患癌症的风险。特别是对于儿童和孕妇，农药残留的影响更为严重，可能导致儿童发育不良、学习障碍甚至出生缺陷。此外，农药残留还可能引发过敏反应和免疫系统问题。

（三）对非靶标生物的影响

农药在使用过程中可能会对非靶标生物产生不良影响。这意味着，除对目标害虫产生作用外，农药还可能伤害到其他有益生物，如蜜蜂、蝴蝶等传粉昆虫，以及其他天敌昆虫，这些生物在控制害虫和维持生态平衡中发挥着重要作用。农药还可能对鸟类、鱼类和其他野生动物造成直接或间接的影响，破坏生物多样性和食物链的稳定性。

（四）抗药性的发展

害虫和病原体对农药产生抗药性是农药使用中的一个严重问题。随着农药的频繁使用，一些害虫和病原体逐渐适应了农药的环境，发展出对某些农药的抗性。这导致农药的防治效果逐渐降低，需要不断增加农药的使用量或更换新的农药，从而增加了农业生产的成本和环境风险。

第三节　农药减量增效技术

农药减量增效技术是指通过利用新技术、新工艺、新材料等手段，减少农药使用量，提高农药使用效果，实现资源可持续利用的一种技术。

一、生态调控技术

生态调控技术是一种通过模拟和利用自然生态系统的自我调节机制来控制病虫害的方法。这种技术强调在农业生产中融入生态学原理，通过一系列农业管理措施，提高农田生态系统的稳定性和抵抗力。具体措施如下。

（一）抗病虫品种的推广

抗病虫品种的推广是生态调控技术中的重要组成部分。通过植物育种和遗传改良技术，培育出对特定病虫害具有抗性的作物品种。这些品种能够在遭受病虫害侵袭时，通过自身的防御机制减少损害，从而降低产量损失和农药使用量。例如，某些水稻品种对稻瘟病具有抗性，而某些棉花品种则能够抵抗棉铃虫的侵害。推广这些抗病虫品种不仅有助于提高农业生产的可持续性，还能减少农药对环境和人体健康的潜在风险。

（二）作物布局的优化

作物布局的优化是通过合理安排作物种植结构和种植时间，以减少病虫害的发生和传播。轮作是指在同一块土地上按顺序种植不同类型的作物，这样可以打破病虫害的生命周期，降低病虫害的发生率。间作则是在同一时间内，在同一块土地上种植两种或两种以上的作物，通过作物间的相互作用，相互促进生长，抑制病虫害的发生。例如，玉米和豆类的间作可以减少玉米螟的发生，同时豆类的固氮作用还能提高土壤肥力。

（三）健康种苗的培育

健康种苗的培育是确保作物健康生长的基础。通过采用无病原菌的种苗，可以有效减少病害的初侵染源。种苗的健康状态直接影响作物生长的全过程，健康的种苗能够更好地抵抗病虫害的侵害，减少农药的使用。此外，采用脱毒技术、组织培养等现代生物技术培育的种苗，可以进一步提高作物的抗病虫能力。

（四）水肥管理的改善

水肥管理的改善是通过科学的灌溉和施肥技术，提高作物的生长势和抗病能力。合理的灌溉可以保证作物获得充足的水分，避免因干旱而导致的抗病能力下降。科学的施肥则能够提供作物所需的养分，增强作物的生长势，提高其对病虫害的抵抗力。同时，合理的水肥管理还能减少养分流失和环境污染，提高农业生产的可持续性。

（五）农田生态工程

农田生态工程是通过建立和维护生物多样性丰富的农田生态系统，来增强自然控害能力。通过湿地恢复、草地建设等措施，为天敌提供栖息地和食物来源，增加农田生物多样性。这些生态工程不仅有助于控制病虫害，还能改善农田生态环境，提高土壤肥力和水分保持能力，促进农业生产的可持续发展。

（六）果园生草覆盖

果园生草覆盖是在果园中保留或种植覆盖作物，如三叶草、黑麦草等。这些覆盖作物能够改善土壤结构，增加土壤有机质含量，提高土壤的保水和保肥能力。同时，覆盖作物还能吸引和维持天敌种群，如瓢虫、蜘蛛等，它们可以捕食害虫，从而减少对农药的依赖。

（七）作物间套种

作物间套种是指在同一块土地上同时种植两种或两种以上的作物，通过作物间的相互作用，达到相互促进生长和抑制病虫害的目的。例如，大蒜和洋葱的间套种可以利用其强烈的挥发性物质驱赶害虫。

（八）天敌诱集带

天敌诱集带是在农田周围种植特定的植物带，如花卉、草本植物等，以吸引和保护天敌。这些植物能够提供天敌的食物和栖息地，增加天敌的数量和多样性。这种方式可以利用自然天敌来控制害虫，减少对化学农药的依赖。例如，种植具有吸引瓢虫等捕食性昆虫的花卉，可以有效控制蚜虫等害虫的数量。

二、生物防治技术

生物防治技术利用生物资源，如天敌、病原微生物等，来控制和管理病虫害。这种方法具有环境友好、可持续性强的特点，并且可以减少化学农药的使用。具体措施如下。

（一）以虫治虫、以螨治螨

以虫治虫、以螨治螨，是一种利用天敌昆虫来控制害虫数量的生物防治方法。这种方法通过人工培育或收集捕食性昆虫和螨类，然后将它们释放到农田中去，以此来减少害虫和害螨的数量。例如，瓢虫是蚜虫的天敌，可以大量捕食蚜虫，从而降低蚜虫对作物的为害。同样，捕食性螨类如红蜘蛛，可以有效控制其他害螨的数量。这种方法的优势在于它是一种自然的控制方式，不会对环境造成污染，同时还能维持生态平衡。

（二）以菌治虫、以菌治菌

以菌治虫、以菌治菌，是利用微生物对抗病虫害的技术。这种方法使用特定的病原菌，如细菌、真菌等，来感染和杀死害虫或病原体。例如，苏云金杆菌是一种广泛用于生物防治的细菌，能够产生对某些害虫有毒的蛋白质。当害虫摄入这些蛋白质后，在其肠道内会形成毒素，导致其死亡。这种方法不仅可以针对性地控制害虫，而且对非靶标生物和环境友好。

（三）生物防治产品的推广

生物防治产品的推广是指将经过验证的生物防治技术应用到更广泛的农业生产中去。这些产品包括赤眼蜂、捕食螨、绿僵菌、白僵菌等，它们已经在控制特定的害虫和病害方面显示出良好的效果。通过加大这些生物防治产品的推广力度，可以减少化学农药的使用，降低农业生产对环境的影响。同时，这些生物防治产品通常具有较低的抗药性风险，可以长期有效地控制病虫害。

（四）生物生化制剂的开发

生物生化制剂的开发是指研究和应用来源于植物或微生物的农药。这些制剂包括植物源农药、植物诱抗剂等。植物源农药是从植物中提取的具有杀虫、杀菌活性的物质，如辣椒素、大蒜素等。植物诱抗剂则是能够诱导植物产生抗病性的物质。这些制剂具有低毒性、低残留性的特点，对环境和人体健康的影响较小，是替代传统化学农药的重要选择。开发和应用这些生物生化制剂，可以提高农业生产的可持续性，保护生态环境和人类健康。

三、理化诱控技术

理化诱控技术通过物理或化学手段来干扰害虫的行为，从而减少害虫对作物的损害。这种技术的优势在于其非侵入性和对环境的低影响。具体措施如下。

（一）昆虫信息素的应用

昆虫信息素的应用是一种高效的害虫管理策略，它利用昆虫自身的化学信号——性信息素来干扰害虫的自然行为。性信息素通常用于干扰害虫的交配行为，通过释放特定的信息素，模拟雌性昆虫发出的信号，吸引雄性昆虫，从而阻止它们找到真正的配偶，减少繁殖机会。此外，信息素还可以干扰害虫的觅食和群聚行为。这种方法具有高度专一性，对非靶标生物无害，且不会在环境中残留，是一种环境友好的害虫控制方法。

（二）杀虫灯的使用

杀虫灯是一种物理控制害虫的方法，它通过特定波长的光源吸引害虫，通常是紫外线或蓝光。害虫被光源吸引，然后会被杀死或捕获，从而减少它们对作物的损害。杀虫灯通常设有高压电网或黏性陷阱，用于杀死或捕捉被吸引过来的害虫。这种方法对于控制夜间活动的害虫特别有效，如飞蛾、蚊子等。杀虫灯的使用减少了农药的使用，有助于保护环境和人体健康。

（三）诱虫板的设置

诱虫板是一种简单且成本低廉的害虫控制方法。这些板通常涂有黏性物质，并以特定的颜色（如黄色或蓝色）吸引害虫。害虫被颜色吸引后，会黏附在板上，无法逃脱。诱虫板对于控制小型飞行害虫，如蚜虫、白粉虱等非常有效。这种方法不需要使用化学农药，因此对环境和非靶标生物无害。

（四）植物诱控

植物诱控是一种利用植物的天然特性来控制害虫的方法。某些植物能够通过其挥发性物质来驱赶害虫，或者吸引害虫的天敌。例如，种植马鞭草、薄荷等植物可以驱赶蚊子和其他害虫，而种植花卉等植物则可以吸引捕食性昆虫，如瓢虫和蜘蛛。这种方法不仅有助于控制害虫，还能增加农田的生物多样性，促进生态平衡。

（五）食饵诱杀

食饵诱杀是一种结合食饵和毒饵来控制害虫的方法。这种方法通过提供害虫喜爱的食物，并在其中混入毒剂，以此吸引害虫进食，进而杀死它们。食饵诱杀可以针对性地控制特定害虫，如使用含有毒剂的谷物诱杀鼠类。这种方法需要谨慎使用，以避免对非靶标生物和环境造成不良影响。

（六）防虫网的阻隔

防虫网是一种物理隔离技术，通过使用细密的网状材料覆盖作物，阻止害虫接触作物。防虫网可以有效地保护作物免受害虫的侵害，同时允许空气、阳光和水分通过。这种方法特别适用于保护蔬菜、果树和观赏植物等高价值作物。防虫网的使用减少了农药的使用，有助于提高作物的质量和安全性。

（七）银灰膜的驱避

银灰膜驱避是一种利用害虫对光线敏感的特性来控制害虫的方法。在土壤上覆盖的银灰色地膜，可以反射光线，干扰害虫的视觉，使它们避开覆盖区域。这种方法对于控制地下害虫和某些飞行害虫特别有效，如蛴螬、蚜虫等。银灰膜的使用是一种环保的害虫控制方法，不需要使用化学农药，对环境和人体健康无害。

四、使用新型高效植保器械

新型高效植保器械的使用可以显著提高农药的使用效率和作物的保护效果。这些器械通过先进的技术手段，实现精准施药，减少农药的浪费和环境污染。具体措施如下。

（一）植保无人机的应用

植保无人机是现代农业技术中的一项重要创新，它通过遥控或自主飞行的方式进行农药喷洒。无人机具有高度的灵活性和精准性，能够根据作物的种植密度和地形条件调整喷洒策略，确保农药均匀覆盖在作物上，而不是浪费在土壤或周围环境中。此外，无人机作业速度快、效率高，能够在短时间内完成大面积的植保作业，显著提高工作效率。同时，无人机的使用减少了人工直接接触农药的风险，保障了作业人员的安全。通过智能技术的应用，如遥感监测和数据分析，无人机还可以实现病虫害的早期识别和精确防治，从而减少农药的使用量，实现农药减量目标。

（二）喷杆喷雾机的使用

喷杆喷雾机是一种常见的植保器械，它通过喷杆上的喷嘴将农药均匀喷洒在作物上。喷杆喷雾机的设计可以根据不同作物的生长高度和密度进行调整，实现精准施药。通过精确控制喷雾的压力和流量，喷杆喷雾机能够减少农药的浪费，提高农药的利用率。此外，喷杆喷雾机通常配备有风扇，可以使农药更好地附着在作物叶片的背面，这是许多害虫藏匿的地方。这种高效的施药方式有助于提高防治效果，同时减少农药对环境的影响。

（三）其他高效器械的推广

除了植保无人机和喷杆喷雾机，还有许多其他高效的植保器械正在被研发和推广。例如，静电喷雾器利用静电力使农药颗粒带电，从而增加农药对作物表面的附着力，提高农药的利用率。

超声雾化器则通过高频振动产生微小的雾滴，使农药更均匀地覆盖在作物上，同时减少农药的使用量。这些高效器械通过特殊的技术手段，提高了农药的利用率和防治效果，同时减少了农药对环境的污染和对人体健康的潜在风险。通过推广这些高效植保器械，农业生产可以更加环保、高效，农产品的质量和消费者的健康也可得到保障。

五、科学用药技术

科学用药技术是指在农业生产中合理选择和使用农药，以达到最佳的防治效果，同时减少对环境和人体健康的影响。这种技术强调农药的合理轮换、交替使用和精准施用。具体措施如下。

（一）合理选择农药种类

要根据药剂的作用机理、防治对象的生物学特性、为害方式和为害部位，以及环境条件等合理地选择药剂的种类，尽量选择高效低毒、低残效的农药品种。为了延缓害虫和病原菌抗药性的产生，要注意药剂的轮换使用，或将作用机理不同的品种混合使用。

（二）确定合适的施药期和施药量

确定合适的施药期、施药量和间隔期是合理施药的基础。施药期因施药方式和病虫对象不同而异，熏蒸、土壤或种子处理常在播种之前进行。田间喷药应在病虫害发生的初期进行；对害虫，在幼虫或成虫期用药效果较好；对病原菌，应在侵染发生前或发生初期用药。施药量的确定是一个十分复杂的问题，一般可在规定的用药范围内，根据病虫害的严重程度、植物耐药能力和环境条件等因素确定。

（三）保证施药质量

施药的作业人员应掌握有关农药使用的知识，熟悉药剂配制和器械操作技术。喷药时，宜选择无风或风小的天气，在高温季节宜在早晨或傍晚进行，注意行走的路线、速度和喷幅能保证施药均匀、适量、不重施或漏施。

（四）避免产生药害

农药使用不当，可使植物受到损害，即产生药害。产生药害的原因很多，常见的是施药量过大、施药不均、在植物敏感期及高温期或光照强烈时施药等。另外，药剂选择不当、配制不合理或药剂过期变质等都有可能造成药害。

第十二章 耕地土壤酸化治理案例

案例1　安徽省广德市：治理酸化耕地，建设高标准农田

2023年5月5日，刚吃过午饭，广德市东亭乡基层农技推广员廖军就奔走在田间地头，将土壤酸化治理项目配置的有机肥发放到种植户手中。东亭乡沙坝村的村民戴欢领到了120包有机肥，这些有机肥将全部撒到她家承包的田地里，用于改善土壤的酸化情况。

说起土壤酸化，戴欢感慨万千，她在这上面可是栽了个不小的跟头。2021年，戴欢在沙坝村流转了100多亩土地，开始种植油菜、姜等农作物，但由于土壤酸化，土壤板结严重，导致她家的农作物减产严重。后来，在乡农技推广站的帮助下，戴欢开始给田地增施土壤改良剂，将土壤修复到适宜农作物种植的正常水平，才逐步挽回了损失。

“这几年，农民高强度种植，再加上大量施用化学肥料，忽视有机肥的施用，导致东亭乡部分耕地的土壤酸化程度较重。”廖军谈到，“土壤的酸化加速了土壤板结严重、肥料流失加速、作物营养不良等问题，严重影响农作物的产量和质量。”

为进一步落实耕地质量保护与提升行动，近年来，东亭乡坚守耕地红线，面对部分耕地土壤酸化情况，因地制宜，着力开展酸化耕地治理行动，该乡依托新型农业经营主体，为村民免费发

放有机肥，用来降低土壤酸化程度，提升耕地质量。2022 年东亭乡发放土壤改良剂 5 吨，2023 年，发放有机肥 60 吨，惠及耕地面积 600 余亩。

为遏制耕地酸化退化，建设高标准农田，该乡在鼓励农户施用有机肥的同时，积极申请土壤酸化治理项目，不断推进测土配方施肥技术，针对不同酸化类型的土壤，采用不同的方式治理。

“我们将持续推进耕地保护行动，进一步提高农田内在质量，夯实‘藏粮于地、藏粮于技’，遏制土壤酸化，稳住粮食播种面积和产量，切实保障粮食生产安全，助力乡村振兴。”东亭乡党委委员魏鑫表示。

——摘编自人民网

案例 2 浙江省乐清市：探索酸化耕地治理模式，4 万多亩耕地“保养”后增产增效

2023 年 4 月 25 日，浙江省乐清市白石街道赤水垟村农民钱真圣在山园里给马铃薯除草，再过半个月这些马铃薯就要采收了。钱真圣说：“去年在改良的耕地上种了 5 亩马铃薯，这片改良过的耕地土质要比以前松软，肥料利用率得到提升，作物的长势非常好，估计亩产能达到 1 800千克，品质也比往年好很多。”2020 年，乐清市被列入温州市唯一国家酸化耕地治理试点县，截至 2023 年 3 月底，酸化耕地治理面积已达40 212亩，项目区土壤 pH 值平均提高 1. 18 个单位，治理效果显著。

土壤酸化是农业生产和地力提升的主要障碍因子之一。2020 年，乐清市被列入国家酸化耕地治理试点县后，立即成立市耕地土壤酸化治理工作领导小组。经过前期的退化耕地调查摸底，将国土空间分布图、酸化土壤分布图和耕地利用现状图相叠加，科

学布点采样 53 个，编制《乐清酸化耕地治理工作实施方案》，最终划定 4 万余亩酸化耕地治理区，采用分区施策、精准治酸等措施，达到消除土壤酸化的效果。

为确保酸化治理物资保质保量、到位及时，乐清市严格按照招投标采购流程，聘请现场监理，以保证物资采购流程合法合规。同时，组织专业技术人员定期开展巡回指导和技术培训，以保证治理效果。

在改造技术方面，乐清市突破传统的人工施用石灰的方法，积极探索机械化治酸途径，通过宜机化改造，对现有生产机械进行加工改良，创新探索出适合本地的机械化治酸工具，用机械作业的方式整体推进。同时，通过无人机代替人工施肥，大大提升了工作效率和肥料利用率，实施面积达 30 600亩，形成了“稻田石灰+深翻耕治酸扩增耕层”“红壤坡耕地土壤酸化防治与耕层快速熟化”两套低成本、可复制、易推广的技术模式，有效地缓解了青紫隔黏田存在的土壤酸化、耕层浅薄和病虫害频发等农业生产中常见的难点，达到提高土壤宜种性、促进作物增产的目的。

2022 年，乐清市酸化耕地治理实施区域水稻亩均增效 100～200 元，新垦红壤坡耕地马铃薯亩产达 1 800千克以上，甘薯亩产达 3 400千克以上，增产效果明显。在大大提升农民种粮积极性的同时，也促进了耕地的可持续利用，提升了农业生产水平，落实了国家“藏粮于地、藏粮于技”战略目标。

——摘编自《乐清日报》

案例 3　重庆市：累计开展酸化土壤治理超 300 万亩

截至 2023 年年底，重庆市已建成酸化耕地治理千亩示范区 5 个，累计开展酸化土壤治理面积超 300 万亩，有力促进了粮食生产，保障了耕地健康。

目前，重庆市共有耕地面积2 805.25万亩，但由于农民高强度种植，加上化肥的大量施用，耕地退化明显，尤其是部分土壤酸化较重。其表现为土壤板结、肥效降低、病虫害加重等，对农业生产影响较大。近年来，重庆市先后在璧山、九龙坡等多个区县开展土壤改良剂的品种筛选和用量方法的试验示范，并依托部、市两级酸化土壤治理项目，开展土壤酸化综合治理。

“我们对全市 17 万个土壤样品的 pH 值进行分析，确定了需要开展土壤酸化治理的 21 个重点区县、225 个重点治理乡镇，形成了较为完备的综合治理技术体系。”重庆市农业农村委相关负责人说，通过试验，由重庆市农业技术推广总站组建的技术攻关团队最终形成以“使用土壤改良剂为核心，配套优化施肥、增加有机质、优化耕作制度等措施”的综合改良技术。

以土壤改良剂为例，重庆市 2016 年开始探索酸化土壤治理良法，总结了不同类型土壤改良剂在不同作物不同土壤 pH 值条件下的使用方法。如今，重庆市已推广运用 6 类 20 余个土壤改良剂，初步形成了《酸化土壤改良技术规范》地方标准，建立了完善的土壤酸化预警系统。

经过综合治理，治理区域土壤酸化势头得到遏制。目前，重庆市累计开展酸化土壤治理推广面积超 300 万亩，耕地质量提高 0.3~1.0 个等级，农作物增产 8%以上，进一步提升了耕地质量、减轻了作物病害。

“接下来，我们将进一步扩大酸化土壤治理范围，总结一套高效的酸化土壤治理推广模式，同时开展酸化土壤治理重点县建设，为土壤健康建立档案，为全面推广酸化土壤治理提供经验和参考。”该负责人说。

——摘编自《重庆日报》

案例 4　湖北省黄冈市团风县：扎实做好土壤酸化耕地治理，提升耕地质量

民以食为天，食以土为本。湖北省黄冈市团风县深入落实“藏粮于地、藏粮于技”战略，积极开展酸化耕地治理，根据耕地土壤质量状况，分析土壤酸化、退化问题和成因，因地制宜、综合施策，写好土壤酸化治理文章，耕地质量障碍因子明显改善，助力水稻等产业蓬勃发展。

1. 积极谋划，争取项目下好“先手棋”

2023 年，湖北省积极争取在团风县实施国家酸化耕地治理重点县建设专项资金 1 000万元，建立酸化耕地治理示范区 8 万亩以上。项目实施以来，团风县成立了推动落实领导小组和专家指导组，在县域内水稻主产区和果园、蔬菜基地，选取连片酸化耕地作为治理示范区，并把酸化问题突出的方高坪、马曹庙耕地作为酸化耕地治理核心示范区。

2. 因土施策，找准问题“症结点”

在团风计划项目实施前进行取土化验，收集、整理耕地质量评价数据，对酸化耕地治理效果进行跟踪监测，并与湖北省农业科学院植保土肥研究所、华中农业大学资源与环境学院开展技术合作，为科学评价项目实施效果提供依据，为酸土治理提供“参照物”。开展酸化耕地治理效果试验，验证治理效果，找准土壤酸化成因，因地制宜，推广应用土壤治理修复综合技术。

3. 统筹治理，练好技术模式“组合拳”

石灰质物质是治理酸土的常用药，能中和土壤酸性物质，同时要多方面协调提升土壤的“防酸”能力，守住耕地“红线”，单方面使用石灰质物质降低土壤酸度并不是长久之计。团风县将

各单项技术进行组装，形成土壤酸化综合防治技术模式，按照“各炒一盘菜，共做一桌席”原则，化肥减量增效、畜禽粪污资源化利用、农作物秸秆综合利用及“三新”技术利用等项目协同开展，向酸化土壤打出“组合拳”，共同助推酸化土壤改良工作高质高效发展。

4. 重在落实，打好工作推进“关键牌”

好技术关键在落实。县酸化耕地治理技术领导小组根据年度培训计划，组织项目区农技人员集中学习培训，多层次全方位开展技术培训和宣传引导，全面提高其对耕地质量保护与提升的认识。在关键农时组织技术专家深入田间地头进行现场示范指导，及时解决项目实施中的具体问题，确保耕地酸化技术有序推进，落到实处，帮助农户告别“靠天收粮”，将饭碗牢牢端在自己手里。

——摘编自长江云新闻网

案例 5　广东省南雄市：积极推进土壤酸化耕地治理，确保粮食生产安全

近年来，随着化肥技术的进一步发展，农民种植作物的效益越来越好，但也带来土壤酸化问题。作为广东省 10 个退化耕地治理示范县之一，南雄市积极推进土壤酸化耕地治理工作，进一步提升耕地质量，确保粮食生产安全。

在坪田镇的一处稻田上，工作人员正将土壤调理剂撒入田中。酸化是土壤风化成土过程的一个重要方面，导致 pH 值降低，形成酸性土壤，影响土壤中生物的活性，改变土壤中养分的形态，降低养分的有效性，造成土壤板结。通过土壤调理剂的撒施可以提高土壤 pH 值，改善植物生产环境。

自2020年起，南雄市在南亩镇、坪田镇、乌迳镇、珠玑镇、雄州街道5个镇（街道），建立了2万亩以上的土壤酸化耕地治理示范区。经过2020年、2021年连续两年撒施石灰质和土壤调理剂等产品，项目区土壤pH值总体评价提高0.295个单位，耕地质量等级提高了0.18个等级，治理工作取得了初步成效，有效缓解了耕地土壤酸化程度，稳步提升耕地质量。

南雄市的酸化治理，因为谋划早、投入大，和其他县级相比，已经走在广东省的前列。2022年是第三年，从前两年的实施效果来看，产量都普遍增加，达到了减肥减约的效果，达到了绿色防控、环保的目的。

截至2022年9月，南雄市2022年度土壤酸化耕地治理项目已完成有机肥派发172吨，实施面积5 400亩；土壤调理剂撒施550吨，实施面积约11 000亩；石灰质物质撒施10吨，实施面积200亩，并成功建立田间试验，探索和推广调酸控酸土壤改良技术，不断提升耕地质量，确保粮食生产安全。

——摘编自南雄市融媒体中心

案例6　江西省景德镇市浮梁县：治理酸化耕地取得成效，水稻亩产达607千克

秋风吹来稻花香。眼下，江西省景德镇市浮梁县寿安镇经过4年酸化治理的耕地1 000亩中稻长势良好、丰收在望，农民的脸上露出了幸福的笑容。

2023年9月24日，浮梁县农业农村局组织专家对该酸化耕地治理示范区进行实割测产测效，经过专家们现场测算，酸化耕地治理示范区平均亩产达到了607千克，扣除成本投入，亩纯收入达500多元，比没有治理的对照区亩产增收65千克，增效88

元，增产增效显著。

据了解，浮梁县寿安镇种植大户张金华耕种 800 多亩，之前，作为一名种了十几年的种植能手，他发现不管怎么施肥产量也上不去了，不仅水稻产量上不去，还容易出现病虫害、土壤板结严重等问题。为了找出问题的症结，浮梁县农业技术推广中心和江西省农业技术推广中心承担了农业农村部“治理酸化耕地”研究课题，通过对该农户耕地测土配方施肥、增施土壤改良剂、冬季种植绿肥等有效措施，使酸化耕地 pH 值提升，改善了土壤性状，水稻产量从 2019 年的平均 490 千克/亩提高到 2023 年的平均 600 千克/亩。

浮梁县位于江西省东北部，大部分耕地 pH 值低于 5.5，酸化严重，导致土壤板结严重、肥料流失加速、作物营养不良等问题。为了治理耕地酸化，该县坚持用地和养地相结合，推广应用土壤改良、地力培肥、治理修复等综合技术开展酸化耕地治理，同时，还采用“秸秆还田+绿肥种植+酸化调理剂+测土配方施肥”“秸秆还田+有机肥+绿肥种植+测土配方施肥”等技术模式，多途径缓解、全方位遏制耕地酸化进程，进一步提升耕地质量，实现“藏粮于地、藏粮于技”，推动农业绿色发展和乡村振兴。

通过 4 年的治理，项目区土壤的 pH 值从 2020 年的 4.97 提高到 2023 年的 5.36，土壤有机质含量从 2020 年的 32.69 克/千克提高到 2023 年的 35.32 克/千克，耕地质量提高了 0.44 个等级，项目区的粮食产量和质量都有提升。

——摘编自人民网

参考文献

纪明山，2019. 新编农药科学使用技术［M］. 北京：化学工业出版社 .

贾建丽，2016. 环境土壤学［M］. 2 版 . 北京：化学工业出版社 .

梁文俊，刘佳，刘春敬，等，2018. 农作物秸秆处理处置与资源化［M］. 北京：化学工业出版社 .

马涛，曹英楠，2017. 环境科学与工程综合实验［M］. 北京：中国轻工业出版社 .

孟祥婵，2018. 测土配方施肥技术［M］. 北京：中国农业出版社 .

王迪轩，何永梅，李建国，2017. 新编肥料使用技术手册［M］. 2 版 . 北京：化学工业出版社 .

王淑娟，赵永敢，李彦，等，2020. 脱硫石膏改良盐碱土壤技术研究与应用［M］. 北京：科学出版社 .

夏俊芳，2011. 现代农业机械化新技术［M］. 武汉：湖北科学技术出版社 .

张新明，张志华，2016. 绿色食品肥料实用技术手册［M］. 北京：中国农业出版社 .